contents

특/별/부/록
소잉 NOTE
실물크기 패턴

나의 소잉용품들

소잉 마니아들이 애용하는 소잉용품들을 구경해보자!

크라이 무끼 (クライ·ムキ)

편리함과 작업효율을 가장 중요하게 생각해 고른 도구들.
잡았을 때 촉감이 좋고 잘 드는 가위, 원단을 고정하는 핀들,
물로 쉽게 지워지는 초크펜, 아이론시접자 등……
이 모든 것이 소잉을 보다 즐겁게 해주는 도구들입니다.

토쿠이 미치코 (德井美智子)
국내·외에서 모은 아름다운 도구들.
패치워크의 헥사곤 패턴으로 만든 가위 케이스는
소잉 테이블을 화사하게 합니다.
바늘 케이스는 자투리 울이나 펠트로 제작해
핀쿠션 대용으로 사용하면 유용합니다.

나의 소잉 부자재

자수가 · 오구라 유키코(小倉ゆき子)

캔디 통을 자수 놓은 빨간 벨벳으로 감싼 큰 바늘통, 40년 이상 사용하였습니다.
노란 꽃은 바늘을 붙여 두는 용도의 핀쿠션. 자주 애용하는 새모양의 가위에는 참을 달아주었습니다.

a sunny spot · 무라타 마유코(村田繭子)

도시락용 알루미늄 케이스에는 바느질 도구를, 끈 종류는 나무 스틱에 말아 수납합니다.
작은 사이즈의 귀여운 핀쿠션은 쓰기 편해서 애용하고 있습니다.

편집부 · S

해외 유명 소잉 작가가 도구함으로 썼던 동일 디자인의 상자를 도구함으로 쓰고 있습니다.
털실로 만든 핀쿠션은 굵은 바늘 전용으로, 그날의 기분에 따라 골라 씁니다.

가방 작가 · 후쿠야마 토모코(福山朋子)

프랑스에서 수입한 샤브레 (맛있었어요!) 통을 도구함으로 사용하고 있습니다.

직접 만든 가죽 커버로 송곳이나 가위를 수납하고 잼 병은 고무줄 넣는 통으로 사용하고 있습니다.

Jeu de Fils · 다카하시 아키(高橋亜紀)

프랑스의 아이 옷 브랜드 Bonpoint의 백을 소잉케이스로 사용하고 있습니다.

영국에서 수입한 미니 밀크 피처를 바늘통으로 만들어, 자수시간에 함께합니다.

편집부 · F

영화 필름용 앤틱 가죽 케이스를 소잉 상자로 리폼했습니다.

뚜껑 안쪽에 잔꽃무늬 프린트 원단을 붙이고, 가죽으로 툴 홀더를 달았습니다.

편집부 · N

엄마에게 물려받은 도시락통을 도구함으로 사용하고 있습니다.

노란색 꽃이 산뜻한 핀쿠션은 대합의 조개껍데기로 만들었습니다.

사계절의 소잉 계획

1년간, 계절에 맞게 코디를 즐길 수 있는
디자인들을 소개합니다.

작품제작＝太田秀美
모델＝竹谷千穂(신장160cm)

Summer

뜨거운 햇살을 대비한 여름 코디.
내추럴한 컬러의 리넨 원피스와 함께 코디하는
선명한 컬러의 팬츠입니다.

슬리브리스 요크 원피스

how to make　*P.84*
패턴 *A*면
Size　*S・M・L・LL*

깔끔한 9부 팬츠

how to make　*P.87*
패턴 *A*면
Size　*S・M・L・LL*

캐미솔 롱 원피스

촉감이 좋은 리넨 원피스.
리넨으로 만든 인디핑크의
원피스는 세탁할수록 부드러워집니다.

how to make   *P.88*
패턴 A면
Size   *S · M · L · LL*

작은 자개단추를 4개 달았습니다.

여름여행 그리고 해변가에서 입고 싶은 원피스입니다.

Autumn

시크한 색조가 그리워지는 가을.
모노톤의 스타일을 레깅스와 매치하여
깔끔한 느낌을 주었습니다.

12

5부 소매 원피스

how to make   *P.86*
패턴 A면
Size   *S · M · L · LL*

와이드 팬츠

how to make   *P.87*
패턴 B면
Size   *S · M · L · LL*

리넨의 부드러움이 더해진 코튼리넨 데님.
주름을 살려 볼륨있는 큐롯 팬츠를 만들었습니다.

롱 베스트 + 롱 큐롯 팬츠

볼륨감이 있는 스타일로 타이트한 스웨터나
셔츠에 맞춰 입으면 훨씬 멋스러운 스타일이 됩니다.
안경이 어울릴 듯한 반듯한 이미지를 연출해보세요.

롱 베스트

how to make P.90
패턴 B면
Size S · M · L · LL

롱 큐롯 팬츠

how to make P.92
패턴 A면
Size S · M · L · LL

Winter collection

가을부터 겨울까지 입고 싶은 데님 소재의 재킷.
칼라가 없는 심플한 디자인이므로 카디건으로도 입을 수 있습니다.
롱 길이와 숏 길이, 파이핑으로 다른 분위기를 연출해보세요.

라운드넥 롱 재킷

롱 길이의 재킷은 스키니 팬츠와 함께 입으면
깔끔함과 캐주얼함이 더해져 매력적인 스타일이 됩니다.

how to make   *P.94*
패턴 B면
Size   S · M · L · LL

라운드넥 숏 재킷

숏 길이의 재킷은 소매 패턴도 함께 변형했습니다.
소매길이를 짧게 하고, 소매폭을 넓게하면 다른 스타일이 됩니다.

how to make   *P.94*
패턴 B면
Size   S · M · L · LL

Spring

다른 옷들과 맞춰 입기 좋은 캐미솔 원피스.
아이보리와 카키색의 그라데이션 스타일이
부드러운 봄바람을 받아들이고 있습니다.

캐미솔 원피스

how to make　P.88
패턴 A면
Size　*S · M · L · LL*

롱 베스트
+ 캐미솔 원피스
+ 와이드 팬츠

천연소재의 부드러운
색감을 조합한 코디.
레이어드해서 입으면
깔끔해 보입니다.

21

베스트
+ 캐미솔 원피스

심플한 원피스는 멋스럽게 옷입기에 딱입니다.
카키색의 베스트에 검은색 부츠를 매치하여
가끔은 강렬한 이미지로 변신해 봅시다.

베스트

how to make   P.90
패턴 B면
Size   S · M · L · LL

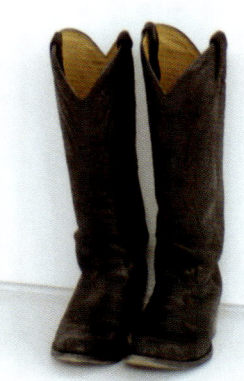

소잉 계획

패턴과 원단을 바꿔가며 소잉의 즐거움을 느껴보세요!

이 테마는 4사이즈 (S·M·L·LL)의 실물크기 패턴을 수록하고 있습니다.

캐미솔 원피스
P.20·21·22

캐미솔 롱 원피스
P.10·11

길이를 짧게

5부 소매 원피스
P.12·13·18

슬리브리스 요크 원피스
P.8·9

소매를 달아

라운드넥 숏 재킷
P.17·19

라운드넥 롱 재킷
P.16·18

길이는 짧게
주머니는 작게

롱 베스트
P.15·21

베스트
P.22

길이는 길게
단추는
리본으로

롱 큐롯 팬츠
P.14·15·19

와이드 팬츠
P.12·13·21

깔끔한 9부 팬츠
P.8·9·18

23

크라이 무끼의
스타일을 살려주는 쿄트

걸치는 것만으로 스타일을 살려주는 코트를 소개합니다.

디자인·제작＝クライ・ムキ
모델＝村上史子（신장166cm）

24

short coat

뒤판에 맞주름을 넣은 코트는 뒷모습이 예쁘게 보일 뿐만 아니라 벗어 놓아도 예쁜 코트입니다.

페인팅 줄무늬의 코트

핸드페인팅 느낌의 줄무늬 원단을
사용하 만든 코트입니다.
큰 단추는 장식단추로 사용했습니다.
놀러 나가고 싶은 마음이 들게 하는 상큼한 코트입니다.

how to make　　*P.96*
패턴 C면
Size　S · M · L · LL

medium coat

컬러 리넨 트렌치 코트

부슬부슬 비가 내리는 날의 즐거움은
예쁜 색의 두꺼운 리넨으로 만든 코트입니다.
입으면 기분이 좋아지는 마법의 코트를 만들어보세요.

how to make   *P.98*
패턴 C면
Size   S · M · L · LL

26

허리벨트를 뒤로 묶으면
귀엽게 입을 수 있습니다.
심플한 하얀색의 플라스틱
단추가 포인트입니다.

27

칼라를 세우면 셔츠처럼
멋있게 입을 수 있습니다.
뒤에 달린 벨트와 메탈 단추가
디자인의 멋을 살려줍니다.

28

long coat

  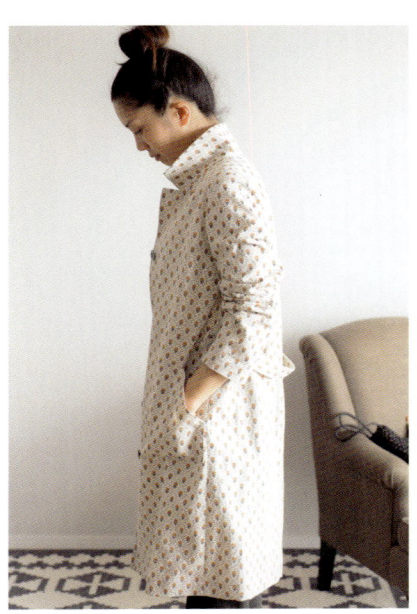

꽃무늬 리넨 싱글 코트

클래식한 꽃무늬 리넨은
심플한 디자인의 코트로 딱입니다.
귀여움과 멋스러움, 둘 다 느낄 수 있는 코트입니다.

how to make   *P.99*
패턴 C면
Size S · M · L · LL

Basic
Skirt
Style

10년에 1벌

기본 스타일의 스커트에
살짝 멋을 부렸습니다.
같은 패턴이라도 이렇게 다른
외출복의 스커트가 완성됩니다.

디자인·제작·모델 =
10년에 1벌·金久保知佳 (신장165cm)

블랙 리넨 세미타이트 스커트

뒤에서 묶은 리본이 클래식함을 더해주는 스커트.
뒤돌아보면, 꿈을 꾸던 그때의 자신이 있습니다.

how to make   P.100
패턴 B면
Size 성인 M사이즈

주머니의 덮개가
심플한 스커트를
입체적으로 보이게 하는
포인트입니다.

장미 무늬 리넨 세미타이트 스커트

외국 커튼에나 있을 듯한
장미 무늬의 인테리어 패브릭으로
여름의 이미지를 표현하였습니다.

how to make   *P.100*
패턴 B면
Size 성인 M사이즈

블랙 리넨 세미타이트
스커트와 같은 패턴이지만
허리 리본을 없애고
대담한 장미 프린트로
화려함을 더했습니다.

옆선에 청초한 느낌의 단추를 달면 디자인의 포인트가 됩니다.

컬러 리넨 A라인 스커트

심플한 스커트에는 과감하게
트리콜로(tricolore) 스타일을 시도해보세요.
맑고 깨끗한 이미지를 표현할 수 있습니다.

how to make   *P.102*
패턴 C면
Size   성인 M사이즈

스커트의 밑단을 오간자로 변형했습니다. 새틴 공단의
바이어스테이프가 스커트 전체의 느낌을 다듬어 줍니다.

실크 A라인 스커트

화려함이 느껴지는 독특한 소재감.
두근거리는 마음을 진정시키고
고급스러운 느낌을 즐겨보세요.

how to make   *P.102*
패턴 C면
Size   성인 M사이즈

35

인테리어 패브릭의 마법

인테리어용 원단이 이렇게나 옷에 어울린다니……!
토쿠이 미치코(遠矢羊子)의 마법의 소잉이 시작됩니다.

모델＝谷綾乃 (신장 158cm)
작품제작＝遠矢羊子

인테리어 원단으로 만드는
라운드넥 코트

수입 커튼 원단으로 만든
심플한 실루엣의 코트.
등 뒤쪽으로 벨트가 지나가도록
옆선에 벨트 통로를 만들었습니다.
벗었을 때도 예쁘게 보이기 위해
안쪽에도 파이핑 처리를 해주었습니다.
입는 사람을 멋지게 변화시키는 코트입니다.

how to make   P.104
패턴 D면
Size   성인 S 사이즈

시트원단으로 만든
라운드넥 원피스

마음에 드는 무늬의 시트 원단으로
모든 시즌에 입을 수 있는
원피스를 만들었습니다.
패턴은
코트를 약간 변형시켜 만들었습니다.
실루엣의 아름다움은 그대로지만
원단의 힘으로 이미지가 확 바뀌었습니다.

how to make   P.105
패턴 D면
Size   성인 S 사이즈

38

어린이라도 멋쟁이가 되고 싶다!
그런 느낌을 살려 만든 것이 라운드넥 코트와 같은 디자인의
어린이용 코트. 칼라를 달아준 것만으로
다른 이미지가 되었습니다.

두꺼운 스트라이프 원단으로 만든 캐미솔 원피스

빈티지숍에서 발견한 캐미솔.
아쉽게도 밑단이 손상되어 있었습니다.
몸판 부분의 작은 자수를 남기고 싶어서
캐미솔 원피스로 리폼했습니다.
스커트 부분에는 인테리어용
두꺼운 스트라이프 원단을 사용했습니다.
앤틱과 인테리어 패브릭의
신선한 조합입니다.

디자인·작가=德井美智子
(36~41페이지)
일본 고베 거주.
소잉, 리폼, 뜨개 등
생활에 뿌리내린 센스있는 작품
만들기를 매일 즐기고 있습니다.

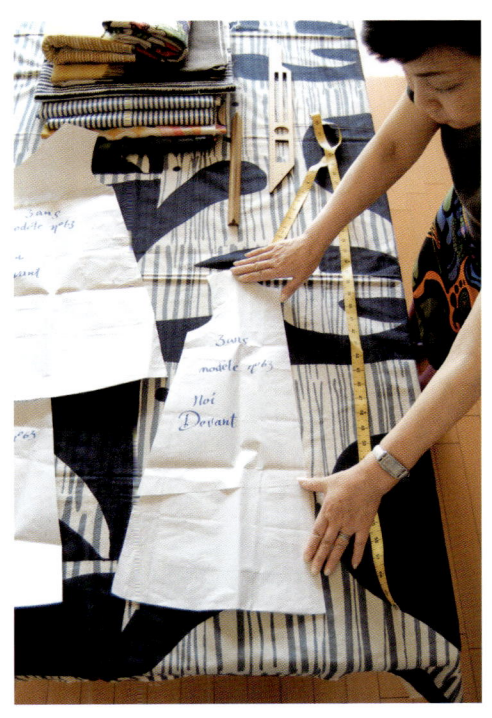

눈이 즐거운 소잉

벌써 몇 년째, 인테리어용 패브릭으로 소잉을 즐기고 있다는 토쿠이 미치코.
원단 폭이 넓기 때문에 패턴 뜨기가 쉽고, 색이나 무늬가 예뻐 개성 있는 옷을 만들 수 있다는 이유 외에,
원단이 가진 소재감에 특히 매료되었다고 합니다.
소잉을 즐기는 이유는 사람마다 다르지만 「자신만의 스타일을 만들 수 있다」라는 것이 가장 큰 즐거움
이라는 토쿠이 미치코. 편집부로 도착한 패턴 한쪽 구석에 「눈이 즐거운 원단을 즐겨보세요」라는
메모가 쓰여 있었습니다. 눈이 즐거운……. 언제나, 무심코 같은 원단에만 손을 뻗어버리는 우리에게
모험심을 가질 수 있도록 등을 밀어주는 그런 메모였습니다.
좋아하는 원단으로 만드는 옷은, 분명 「자신이 입고 싶은 옷」으로 완성되어줄 것입니다.
인테리어용 패브릭에는, 그런 마법의 힘이 있다는 것을 가르쳐주고 있습니다.

멋스러운 에이프런

매일이 즐거워지는 습관,
마음에 드는 에이프런을 입는 것.

등에 달린 단추 한 개로 입을 수 있는 편리함도 좋죠?

디자인·제작＝鈴木佳代
(42〜45 페이지)
모델＝和田藍 (신장 155cm)

요크 절개의 데님 앞치마

넉넉한 실루엣의 여성스러운 스타일.
편하게 세탁할 수 있는 어두운 색의 데님을
이용해 만들었어요.

how to make   *P.106*

패턴 A면

Size   성인 프리 사이즈

43

깊이 파인 네크라인이 목 주변을 깔끔해 보이게 합니다.

주름이 들어간 에이프런 원피스

주름과 짧은 길이로
사랑스러운 기분이 들게 하는 원피스.
차분한 색의 리넨으로 어른스러움을 함께 표현했습니다.

how to make　　P.107
패턴 A면
Size　성인 프리 사이즈

원단을 바꾸고 코디를 변형하여 자유롭게 즐겨보세요.

디자인 · 촬영＝mai＊
제작＝bambi
모델＝chiho(160cm)

직선재단의 원피스 에이프런

심플하게 만들어 편하게 입는 간직하고 싶은 에이프런.
같은 디자인이라도 무지 리넨(P46)과 체크(P47)는
서로 다른 느낌을 줍니다.

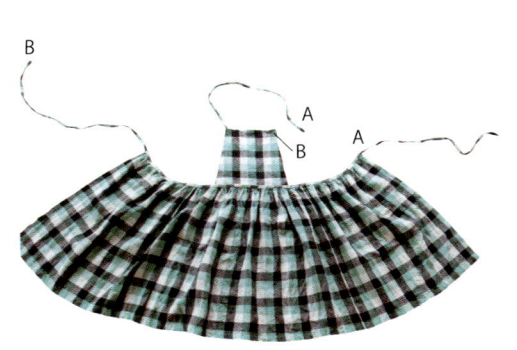

코디의 즐거움

A와 A를 묶고, B의 단춧구멍에
다른 B를 통과시켜 묶습니다.
끈은 등 뒤에서 교차시켜
양쪽 끈의 균형을 보면서
묶습니다.

how to make   *P.108*
Size   성인 프리 사이즈

47

숏 길이(P48)와 롱 길이(P49) 둘 다
끈을 등 뒤에서 교차시켰기 때문에 단추를 달 필요가 없어 간단합니다.

작품제작＝小春

주름 에이프런

두꺼운 리넨으로 만들어 멋을 살린 에이프런.

길이만 바뀌어도 인상이 바뀝니다.

그날의 기분에 따라 바뀌는 마법의 한 벌이 될지도 모릅니다.

폭신폭신한 퍼가 달린
베스트와 맞춰 심플하고 럭셔리하게.
바텐레이스의 볼레로와
함께 여성스럽게 연출했습니다.

how to make   *P.110*

(숏 길이&롱 길이)
패턴 C면
Size   성인 프리 사이즈

멋쟁이의 핫 아이템

우와, 좋다……! 그런 말이 나오는 것은 사실 멋진 소품을 몸에 걸쳤을 때 일지도 모릅니다.

간단하게 재단해서 만드는 캐시미어 스톨

거미줄보다 촘촘한 캐시미어 실로 짜여진 스톨.
한번 몸에 닿으면 그 부드러운 촉감 때문에
손에서 놓을 수 없게 됩니다.

how to make　　P.111

STOLE

간단하게 봉합해서 만드는 아사 스톨

청순한 아사 프린트 원단을
여름에 맞게 와플 가공하여 만든 스톨.
목이 시원해 보이는 아이템!

how to make　P.111

양면으로 쓸 수 있는 튤립 모자

햇살이 눈부신 계절,
넓은 브림의 모자가 빠질 수 없습니다.
대담한 프린트를 안감에 사용하여 멋스럽습니다.

how to make   *P.112*
패턴 B면

HAT

눌러쓰는 리넨 클로슈

클래식하고 여성스러운 클로슈는
새침한 기분이 들 때 씁니다.
리본과 코르사주로 청순함을 더했습니다.

how to make   P.113

패턴 B면

워싱 가죽의 달리아 코르사주

물로 적셔가면서 만드는 가죽 코르사주.
간단하게 만들 수 있고 디자인도 예뻐 간직하고 싶은
코르사주입니다. 헤어 고무줄로도 만들어보세요.

how to make   P.114

54

ACCESSORY

가죽을 잘라 땋은 팔찌

맨살에 걸친 셔츠의 소매를 걷어올리면
슬쩍 보이는 팔찌.
귀여움이 보일 듯 말 듯한 세련된 아이템입니다.

how to make   P.114

[접는방법]

프린팅 리넨 에코백

에코백은 훌륭한 아이템.

크로스백으로 만들면

코디의 중심이 될 수 있습니다.

how to make   P.115

BAG

자수가 예쁜 토트백

코듀로이에 괘치한 성글게 뜬 뜨개질 같은 섬세한 자수.
심플한 스타일에 화려함을 더해줍니다.

how to make　P.116

꽃무늬 원형 토트백

자칫하면 유치해지기 쉬운 꽃무늬 캔버스 원단에
가죽 핸들을 달았습니다.
살짝 보이는 레이스가 심플한 백을 청순해 보이게 합니다.

how to make　P.118
패턴 D면

꽃무늬 사각 파우치

만드는 방법은 매우 심플.
사용하기 편한 파우치가 만들어졌습니다.
백in백으로 사용해도 좋은 아이템입니다.

how to make　P.118
패턴 D면

뜨개로 만드는 에코백

사계절내내 사용할 수 있는 백.
좋아하는 색의 조합으로 즐기는 방법도 다양합니다.

디자인·제작＝德井美智子

긴뜨기와 짧은뜨기로 만든 에코백.

1개 만들고, 또 1개…….

코수나 단수, 색상을 바꿔가며 원하는 스타일로 만들어 보세요.

클립, 브로치, 단추 등 장식을 바꿔주면 멋스러움이 한층 업됩니다.

how to make　　P.120

트라푼토(trapunto) 칼라

액세서리를 바꾸어 단 것처럼
트라푼토가 포인트인 칼라를 만들어 봅시다.

디자인·저 작＝德井美智子（칼라）·中本まつの（셔츠）

Coordination
LESSON

트라푼토
라운드 칼라

트라푼토
스탠더드 칼라

코튼 니트
+
인테리어 패브릭 스커트

앤틱레이스 캐미솔
+
리넨 스커트

화이트 리넨 셔츠

화이트 리넨 셔츠

트라푼토 칼라

트라푼토(trapunto)란 안감에 솜이나 굵은줄 등의 심실을 넣어
모양이나 도안을 입체적으로 떠오르게 하는 퀼팅 기법의 하나.
트라푼토가 오늘의 스타일을 스페셜하게 해줍니다.

how to make   *P.119*
(스탠더드 칼라 · 라운드 칼라)
패턴 D면

[재료·도구]
트라푼토 줄
칼라 원단과 같은 색의 명주실
봉제 바늘
리본자수용 바늘

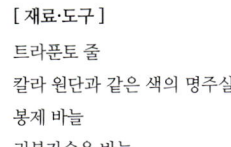
(겉칼라)

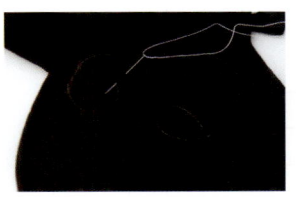

3. 2mm 간격을 두고 1줄을
평행하게 스티치합니다.

2. 도안을 따라 명주실로 촘촘하게
스티치합니다. 첫 번째 바늘땀은
매듭을 안으로 넣습니다.

1. 119페이지를 참고로 칼라를 만들고,
수세형 펜초크로 겉칼라에 트라푼
토의 도안을 베낍니다.

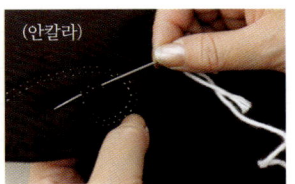

7. 마지막은 줄을 자르고, 겉으로
나온 줄은 바늘로 밀어 넣어
완성합니다.

6. 바늘을 뺀 곳에서 다시 바늘을
통과시켜 도안대로 통과시킵니다.

5. 줄을 팽팽하게 당겨, 실 끝을
안으로 숨깁니다.

4. 2와 3의 스티치 사이에, 안쪽에서
리본자수용 바늘로 펜초크 표시 아
래로 트라푼토 줄을 통과시켜갑니다.
(안칼라)

깜찍한 여자아이를 위한
사계절 옷 만들기

a sunny spot의 귀염둥이 모에의 옷장은
엄마가 직접 만든 귀여운 옷들이 가득합니다.

디자인·제작＝村田繭子／a sunny spot

입기 편하고 색감에 신경 쓴 오리지널 원단.
체크와 도트무늬도 귀여운 포인트입니다.

할머니랑 엄마랑
원단 샘플을 보면서
수다를 떱니다.

미싱과 원단도 잡화와
함께 디스플레이 하였습니다.

핸드메이드 옷을 입으면
모두 기분이 좋습니다.

옷 만들기와 원단 만들기

딸 모에와 자신의 옷을 만들고 있는 a sunny spot의 무라타.

우연한 기회로 원단의 디자인을 시작하게 되었다고 합니다.

무라타가 생각하는 소잉을 위한 원단은, 리넨과 코튼의 천연소재. 아동용, 성인용 구별하지 않고 질이 좋고 시크한 것입니다.

조금 껴입은 듯한 수수한 분위기를 가진 차분한 색감. 무라타는 그런 색을 낼 수 있도록 몇 번이고 샘플을 검토해갑니다.

오리지널의 멋진 원단으로 만드는 것은 심플하면서도 귀여운 옷.

핸드메이드이기 때문이라고 말하고, 여기저기 너무 많이 수정하는 것은 절대로 하지 않습니다.

변형할 위치나 주름 분량. 나란히 놓은 단추와 조합한 원단 등으로 훨씬 사랑스러워진다는 것을 무라타는 알고 있기 때문입니다.

에이프런풍 원피스

어깨끈부터 이어진 소매둘레천은 두꺼운 폭이 귀엽습니다.
가슴쪽에는 풍성한 주름을 넣고, 필수품인 주머니도 잊지 말아주세요.

how to make　P.122

패턴 C면

Size　*100 · 110 · 120*

SUMMER

요크 절개 원피스

앞 단추를 열어 입으면 원피스 코트 스타일.
모자와 바구니를 준비하면, 여름휴가가 기다려집니다!

how to make *P.123*
패턴 D면
Size 100 · 120

요크 절개 블라우스

SUMMER원피스를 짧게 변형하여 제작한 블라우스는 성숙한 느낌을 줍니다.
작은 꽃무늬와 같은 계열 색의 스커트를 맞춰 한 가지 톤의 코디를 즐겨보세요.

how to make   P.123

패턴 D면

Size   100 · 120

70

카슈쾨르(cachecoeur) 원피스

풍성한 카슈쾨르(cachecoeur) 원피스는 여자아이의 특권입니다.
부드러운 원단으로 만들어 스위트한 기분을 만끽해보세요.

how to make   P.124
패턴 C면
Size   *100~110* (1 size)

멜빵바지

how to make   P.127

패턴 C면

Size 90 · 100 · 110

V넥 베스트

how to make   P.125

패턴 D면

Size 90 · 100 · 110

멋쟁이 파리지엥 소년의
사계절 옷 만들기

남자아이를 위한 세련된 핸드메이드 옷.
어린이라도 젠틀하게 행동하는 것이 파리지엥 스타일.

디자인·제작＝田中彰子

양재교실 운영, 부인복의 오더메이드 등을 거쳐, 현재는 두 아이의 엄마.
두 아이를 위해 세련된 아동복을 제작하는 날들을 보내고 있습니다.

그린과 옐로우, 블루 등 아이들이 입고 싶어하는 예쁜색.

파리에서도 눈에 많이 띄던 리버티 프린트의 작은 꽃무늬.

칵테일드레스는 탄력있는 실크 새틴으로.

아이에게도 단정한 옷을 입혀 주고 싶다. 그 생각을 디스플레이에도 담았습니다.

덮개에 벨트까지 꼼꼼한 디테일르 만들어진 귀여운 코트.

남자아이는 시크한 톤으로. 블루부터 그레이의 그라데이션을 주었습니다.

파리에서 만난 아동복

갖가지 색의 원피스와 코트.

어른도 무색할 정도의 깔끔한 스타일. 파리에서 만난 아동복은 다나카씨에게 신선한 충격과 함께 창작의욕을 불러일으키게 했습니다.

파리에서는 몽마르트의 원단 도매상 거리를 몇 일에 걸쳐서 쇼핑을 하고 안지 못할 정도의 원단과 단추를 구입했습니다.

이때의 소재를 메인으로 만든 아동복으로, 개인전 「작은 파리지엥을 위한 옷」 을 고향 히로시마의 갤러리 나카가와에서 개최했습니다.

차분하게 돌아다녔던 파리의 아동복 매장을 표현한 디스플레이.

작은 파리지엥 때문에, 디테일까지 대충 만들 수 없었던 약 60벌의 옷이 전시되었습니다.

주름에 덮개에 스티치 등등…….

수고스럽지만 정성을 다해 만드는 것이 세련됨으로 완성된다는 것을

파리지엥이 가르쳐 주었습니다.

체크무늬 베스트 슈트

같은 원단으로 만들면 슈트처럼 멋있습니다.
흰 셔츠를 코디하면, 진지한 표정이 어울립니다.

카브라 팬츠	U넥 베스트
how to make P.126	*how to make* P 125
패턴 C면	패턴 D면
Size 90 · 100 · 110	*Size* 90 · 100 · 110

SUMMER

차이나 칼라 블라우스 + 카브라 5부 팬츠

고급스러운 스트라이프 리넨은 블라우스로 단정하게.
매듭 단추는 총명하고 매력적인 아이템입니다.

차이나 칼라 블라우스
how to make   *P.128*
패턴 D면
Size   *90 · 100 · 110*

카브라 5부 팬츠
how to make   *P.126*
패턴 C면
Size   *90 · 100 · 110*

후드 코트 + 5부 팬츠

브라운으로 정리한 가을색의 코디.
5부 팬츠에는 숏 길이의 부츠를 매치했습니다.

5부 팬츠	후드 코트
how to make　P.127	*how to make*　P.130
패턴 C면	패턴 D면
Size　90 · 100 · 110	*Size*　90 · 100 · 110

둥근 칼라 코트 + 팬츠

AUTUMN 코트의 후드를 둥근 칼라로 변형한 디자인.

차분한 베이지에는 산뜻한 소품으로 포인트를 주세요.

팬츠	둥근 칼라 코트
how to make P.127	*how to make* P.129
패턴 C면	패턴 D면
Size 90 · 100 · 110	*Size* 90 · 100 110

심플소잉 NCC 대리점 및 공방 소개 …

소잉을 배우고 싶은데 막상 시작하려니 고민되세요? 가까운 심플소잉NCC 대리점이나 공방을 찾아보세요!
기초부터 차근차근, 체계적으로 친절한 선생님에게 배울 수 있습니다!

 광주 풍암점 `대리점`

차분한 색의 원목 가구에 가지런히 정리된 원단과 부자재
들…. 따뜻함이 물씬 느껴지는 심플소잉 광주 풍암점입니다.
소잉을 배우고 원하는 원단으로 원하는 스타일의 작품을 직
접 만들고, 특강을 통해 새로운 작품에도 도전해보세요!
늘 작품을 부지런히 만드는 선생님의 새롭고 감성적인 작품
도 보며 소잉을 함께 즐겨보세요.

광주광역시 서구 풍암동 1191-6번지 1층
TEL : 062-653-2335
※ 티매트 무료수업을 받아볼 수 있습니다. 부담없이 소잉을
　시작해보세요.

`오픈시간`
월·목·금 9:30~19:00 화 9:30~23:00 토 9:30~17:00
(수요일·일요일 및 국경일 휴무)

http://blog.naver.com/wing0006

 서울 양재점 `대리점`

문을 열고 들어서면 라벤더 향이 물씬 풍기는 향긋한 공간.
아기자기한 작품들로 가득 채워진 심플소잉 서울 양재점에
서라면 편안한 마음으로 소잉을 시작할 수 있습니다.
친언니처럼 따뜻하고 친절한 선생님에게 소잉을 차근차근
배워보세요.

서울특별시 서초구 양재동 400-13 1층 TEL : 02-573-5134
※미리 연락 시 수업이 없는 비교적 한가한 시간을 안내받을
　수 있습니다.

`오픈시간`
월~금 10:00~18:00 토 10:00~15:00 (일요일 및 국경일 휴무)
※목요일은 협회 일정으로 인해 쉬는 경우가 있으니
　미리 연락하고 방문해주세요.

http://blog.naver.com/thesewing

 포항 항구점 대리점

로맨틱한 소잉과 사랑에 빠지다. 설레는 마음으로 소잉을
만나볼 수 있는 곳, 사랑하는 사람들을 위하여 소중한 공
간에서 한 땀 한 땀 정성을 담을 수 있는 곳. 준비됐나요?
봄 꽃 흩날리는 신학기의 등굣길처럼 설레는 소잉을 시작
해보세요. 심플소잉 포항 항구점이 당신을 찾아갑니다.

경북 포항시 북구 항구동 12-12번지
TEL : 054-615-4004

오픈시간

월·수·금 10:00~18:00 화요일 10:00~21:00
토 10:00~15:00
(목요일·일요일 및 공휴일 휴무)

http://yeoukkori.blog.me/

 **광주 상무점** 대리점

내손으로 행복하고 향기로운 삶을 만들어보는 사랑이 가득한
공간 심플소잉 광주상무점이에요~
세상에 하나밖에 없는 명품소품과 옷을 배워 사랑하는 사람들
에게 선물해 보면 어떨까요? 공감하신분들 놀러오세요~

광주광역시 서구 치평동 1306-10번지 1층
TEL : 062-381-0991 / 010-8433-0998

오픈시간

오전반 10시 ~ 12시 30분 오후반 14시 ~ 16시 30분
저녁반 17시 ~ 19시30분 직장인반(화요일) 22시까지
토요일 10시~ 16시(수업없음) (일요일 및 공휴일 휴무)

http://blog.naver.com/peekb1004

 **창원 상남점** 대리점

누구에게나 처음이라는 단어에는 우리의 마음을 아련하게
하는 추억이 있습니다. 첫사랑, 첫입학, 첫출근, 그리고 첫
키스까지♡ 참 신기하죠? 이렇듯 무언가의 시작이란 우리의
마음을 분명 설레게 합니다. 그렇다면 주저하지 말고 지금
바로 창원 상남점에서 당신의 감성을 위한 첫 바느질을 시
작하는 건 어떠세요?
당신에겐 설렘을, 사랑하는 가족에겐 따뜻함을 선물해 줄 수
있습니다.

경남 창원시 성산구 상남동 2-2 금강빌딩 1층
TEL : 055-263-5662 / 070-7779-5662

오픈시간

월~금 10:00~18:00 토 10:00~14:00
(일요일 및 공휴일 휴무)

빨간머리 앤 공방

초록 지붕 아래에서 들려오는 행복한 재봉틀 소리. 자연을 닮은
패브릭으로 예쁜 아기옷도 지어보고, 그리운 친구를 위해 작은
정성을 담은 파우치도 만들어보세요. 여자들의 마음 속에 있는
행복하고 따뜻한 집을 상상하며 하나 둘 예쁜 작품을 만드는 시간.
빨간머리앤에서 따뜻한 추억을 만들어보세요.

경북 포항시 남구 대잠동 459-7번지 빨간머리 앤 TEL : 010-2801-5998

오픈시간

월·금 10:00~17:00 토 10:00~13:00 (일요일 및 공휴일 휴무)
※월:천연비누·화장품 / 화:컨츄리인형·리본공예 / 수~토:소잉 수업합니다.

모모타임 공방

도란도란 소소한 이야기와 은은한 커피향이 가득한
공간. 따뜻한 차 한잔의 여유를 즐기며 세상에서 하나
뿐인 나만의 작품을 만들어보세요. 나를 위한 귀여운 소
품과 가족들을 위한 정성과 사랑이 담긴 옷.
옷을 만들고 선물하는 기쁨을 느껴보세요.

경북 포항시 남구 오천읍 원리 893-29 모모타임 TEL : 010-3365-0408
http://blog.naver.com/momotime24

오픈시간

월·수·목·금 10:30~19:30 화 10:30~21:30 토 10:30~17:00 (일요일 및 공휴일 휴무)

Cuddly

해피베어스

행복을 만드는 바느질 재료

바느질에 필요한 모든 부재료를 디자인부터
유통. 판매까지 하는 총괄 브랜드 입니다.

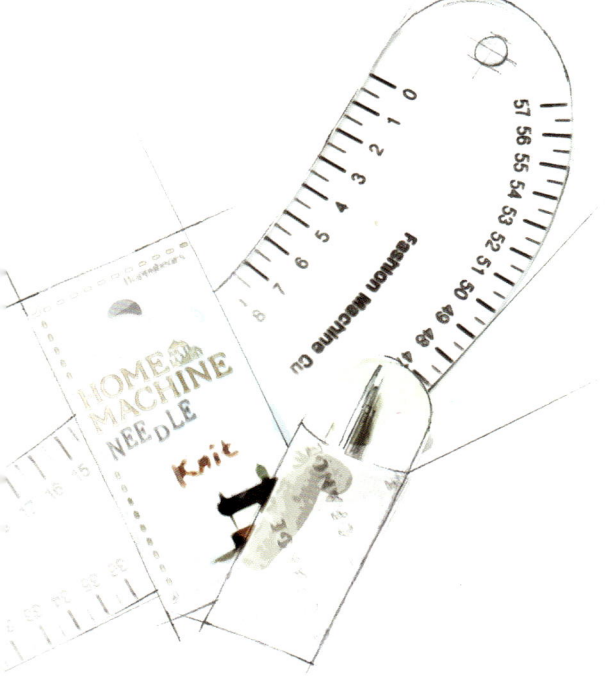

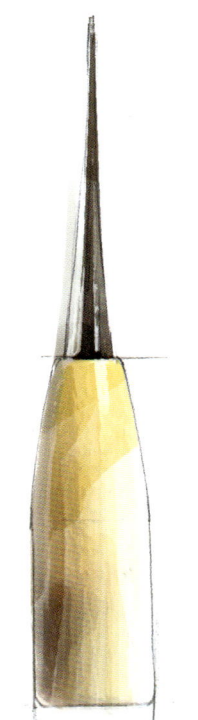

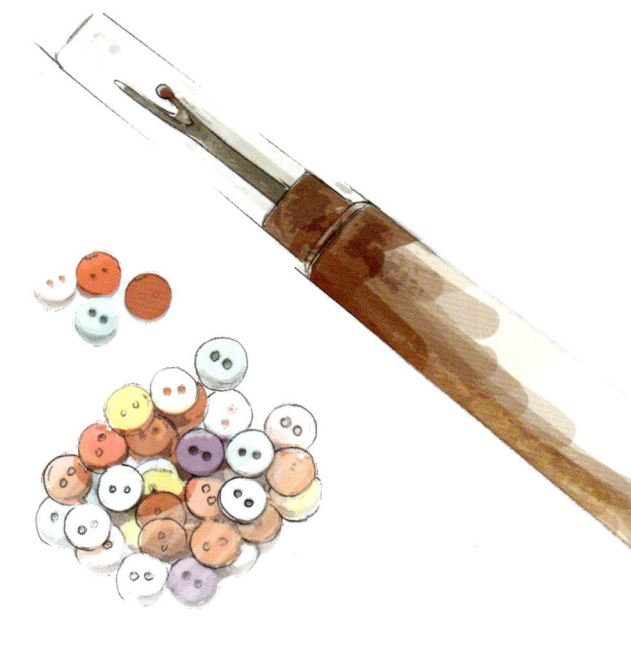

제품 및 도매문의 070-8282-7028

소잉 RECIPE

작품 제작방법

제작방법에 대해서

제작방법의 기초나 요령은 부록인 「소잉 NOTE」를
참조해주세요.
가정용 미싱으로 만들수 있도록 자세하게 설명이 되어있습니다.
오버록 미싱을 가진 분은 원단 끝 정리에 「오버록 처리」라고
기재되어 있는 부분에 오버록 미싱을 사용해주세요.

원단 소요량에 대해서

원단의 재단은 기재된 재단방법을 참고해주세요.
원단 소요량은 개인의 작업방법에 따라 여유를 더 주기도 합니다.

실물크기 패턴에 대해서

실물크기 패턴에는 시접이 포함되어 있지 않습니다.
패턴지 등에 배끼고, 지정된 치수로 시접을 주어 재단해주세요.
그 외, 패턴에 기재된 주의사항도 반드시 확인해주세요.

제도에 대해서

「실물크기 패턴」이 없는 작품은 제도방법을 참고하여 직접 만듭니다.
표시된 치수에 따라 실물크기 패턴을 제도합니다.

편리한 QR코드와 키워드 사용법
THE SEWING BOOK 100% 활용하기

 Simple Sewing

★QR코드를 찍으면 [심플소잉]
사이트에서 관련 상품을 보고
구매할 수 있습니다.

 키워드명 검색

★ [심플소잉] 온라인 사이트에서
키워드를 검색하면 관련 상품을 보고
구매할 수 있습니다.
www.simplesewing.co.kr

키토산
자연면 40수

1. 몸판의 절개선을 봉합한다

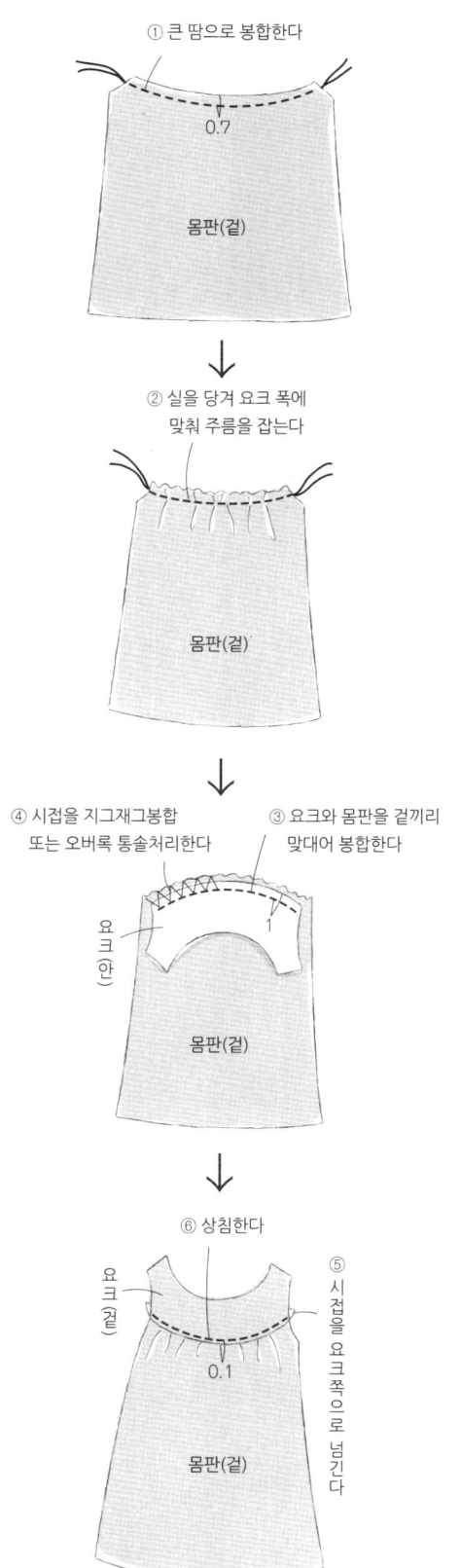

① 큰 땀으로 봉합한다

0.7

몸판(겉)

② 실을 당겨 요크 폭에
맞춰 주름을 잡는다

몸판(겉)

④ 시접을 지그재그봉합
또는 오버록 통솔처리한다

③ 요크와 몸판을 겉끼리
맞대어 봉합한다

요크(안)

1

몸판(겉)

⑥ 상침한다

요크(겉)

⑤ 시접을 요크쪽으로 넘긴다

0.1

몸판(겉)

P.8·9 **슬리브리스 요크 원피스**

[재료 (왼쪽부터 S·M·L·LL]
겉감 (무지 리넨) 180cm폭 1.2·1.2·1.3·1.3m
(110cm 폭의 경우 2.3·2.4·2.5·2.5m)
바이어스테이프 1.2cm폭 1.8m

[완성 사이즈]
가슴둘레 89·92·96·99cm
전체길이 87·90·93·93cm

실물크기 패턴 A면

디바제

원단 재단방법

[110cm폭의 경우]

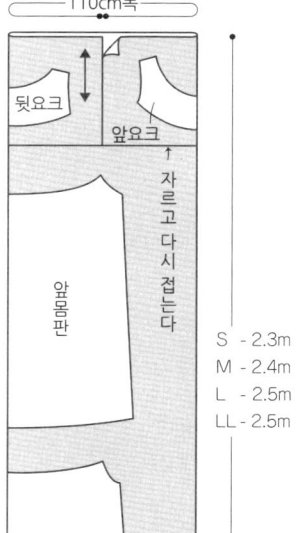

110cm폭

뒷요크

앞요크

앞몸판

자르고 다시 접는다

S - 2.3m
M - 2.4m
L - 2.5m
LL - 2.5m

뒷몸판

[180cm폭의 경우]

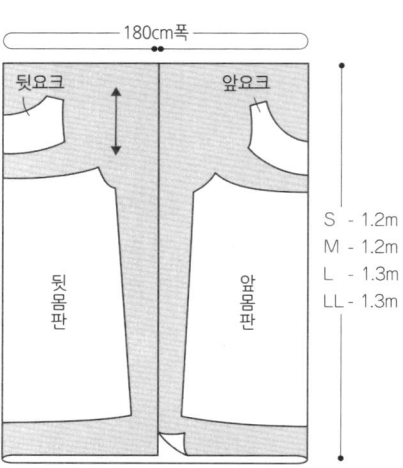

180cm폭

뒷요크

앞요크

뒷몸판

앞몸판

S - 1.2m
M - 1.2m
L - 1.3m
LL - 1.3m

2. 어깨선을 봉합한다

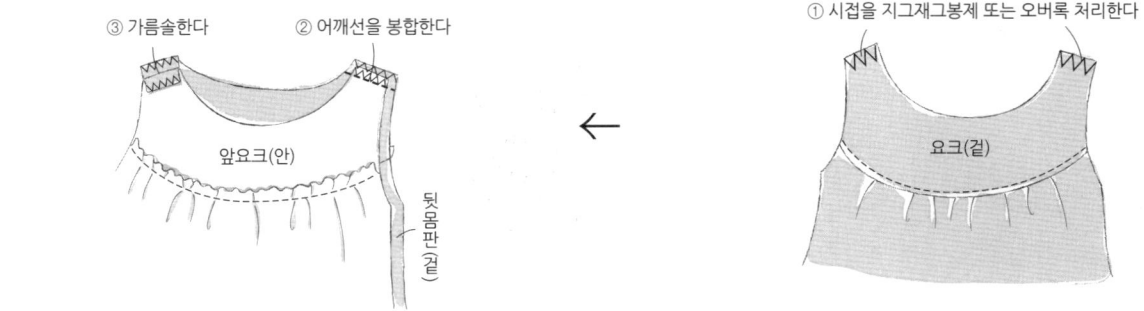

③ 가름솔한다   ② 어깨선을 봉합한다

① 시접을 지그재그봉제 또는 오버록 처리한다

앞요크(안)

요크(겉)

뒷몸판(겉)

3. 옆선을 봉합한다

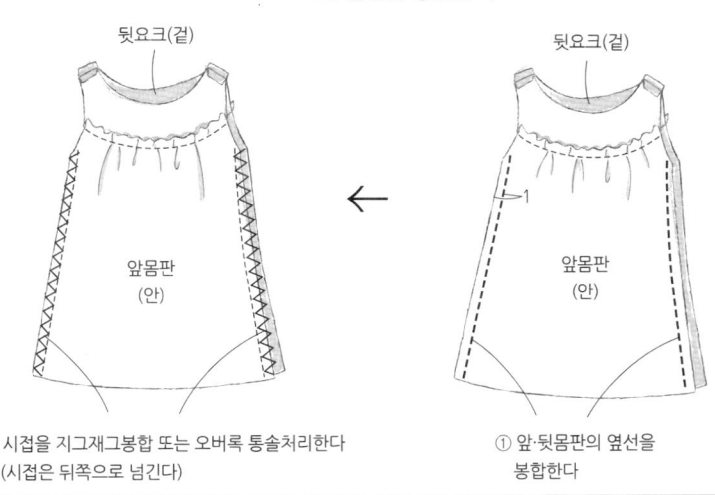

뒷요크(겉)

뒷요크(겉)

앞몸판
(안)

앞몸판
(안)

1

② 시접을 지그재그봉합 또는 오버록 통솔처리한다
(시접은 뒤쪽으로 넘긴다)

① 앞·뒷몸판의 옆선을
봉합한다

4. 목둘레와 암홀을 마무리한다

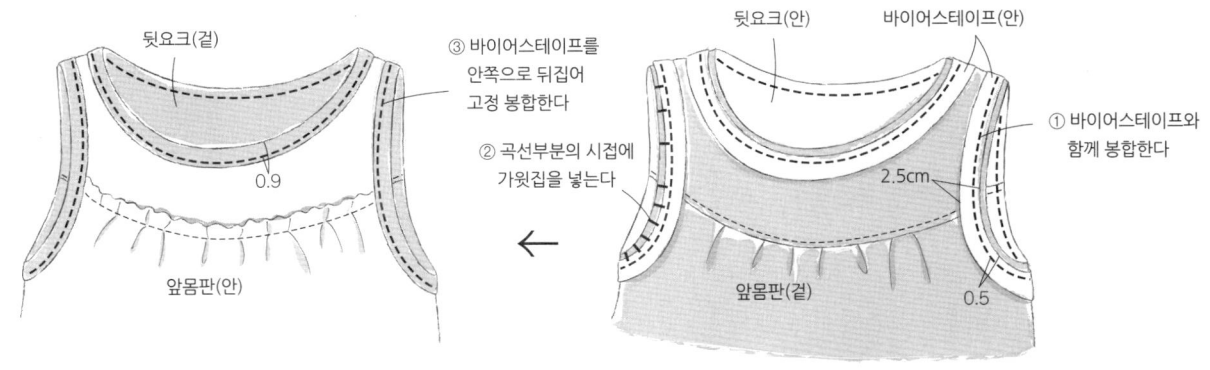

뒷요크(겉)

뒷요크(안)   바이어스테이프(안)

③ 바이어스테이프를
안쪽으로 뒤집어
고정 봉합한다

① 바이어스테이프와
함께 봉합한다

② 곡선부분의 시접에
가윗집을 넣는다

0.9

2.5cm

앞몸판(안)

앞몸판(겉)

0.5

5. 밑단을 두 번 접어 마무리한다

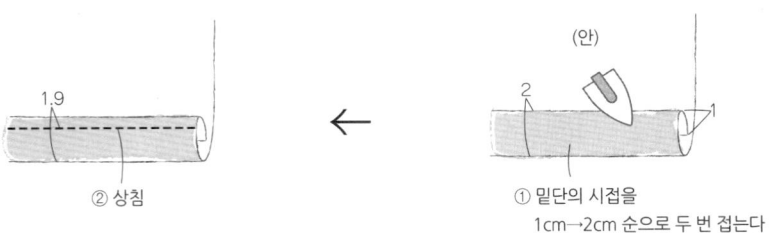

1.9

(안)

2

1

② 상침

① 밑단의 시접을
1cm→2cm 순으로 두 번 접는다

1. 몸판의 절개선을 봉합한다 (84페이지 참조)

2. 어깨선을 봉합한다 (85페이지 참조)

3. 소매를 단다

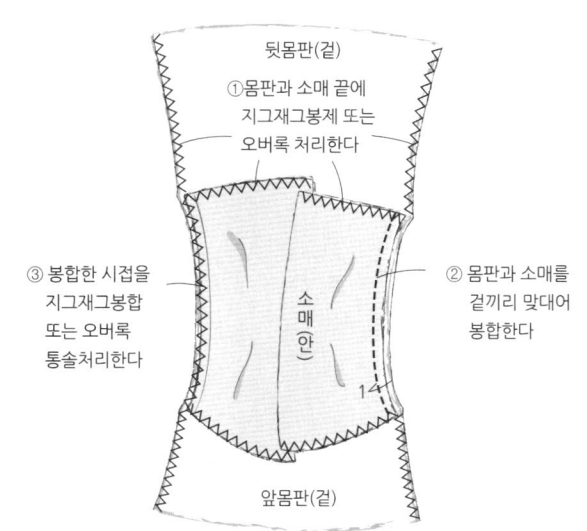

뒷몸판(겉)

① 몸판과 소매 끝에 지그재그봉제 또는 오버록 처리한다

③ 봉합한 시접을 지그재그봉합 또는 오버록 통솔처리한다

소매(안)

1

② 몸판과 소매를 겉끼리 맞대어 봉합한다

앞몸판(겉)

P.12·13 5부 소매 원피스

[재료 (왼쪽부터 S · M · L · LL)]
겉감 (무지 리넨) 100cm 또는 140cm폭
2.6 · 2.7 · 2.9 · 2.9m
바이어스테이프 1.2cm폭 90cm

[완성 사이즈]
가슴둘레 89 · 92 · 96 · 99cm
총길이 87 · 90 · 93 · 93cm

실물크기 패턴 A면

디바제

원단 재단방법

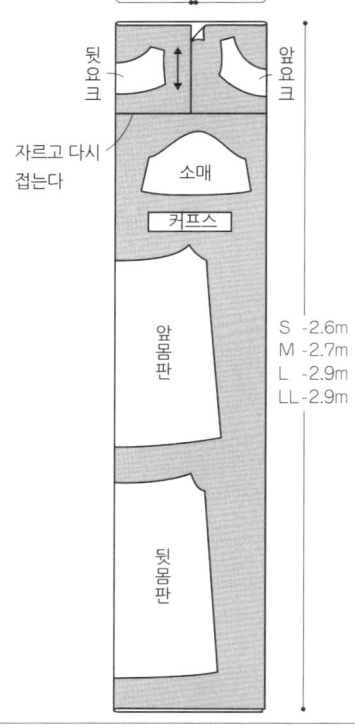

[110·140cm폭 공통]
110·140cm폭

뒷요크   앞요크

자르고 다시 접는다

소매

커프스

앞몸판

S -2.6m
M -2.7m
L -2.9m
LL-2.9m

뒷몸판

4. 옆선을 봉합한다

② 가름솔한다

① 앞·뒷몸판의 옆선을 봉합한다

앞몸판(안)

1

5. 목둘레를 마무리한다 (85페이지 참조)

6. 커프스를 단다

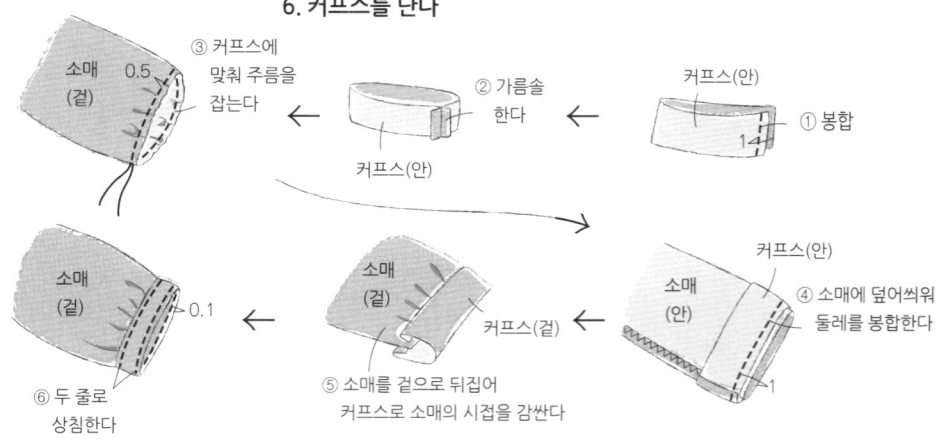

소매(겉) 0.5

③ 커프스에 맞춰 주름을 잡는다

② 가름솔 한다

커프스(안)

커프스(안)

① 봉합

1

7. 밑단을 두 번 접어 마무리한다
(85페이지 참조)

소매(겉) 0.1

⑥ 두 줄로 상침한다

소매(겉)

커프스(겉)

소매(안)

커프스(안)

④ 소매에 덮어씌워 둘레를 봉합한다

1

⑤ 소매를 겉으로 뒤집어 커프스로 소매의 시접을 감싼다

원단 재단방법

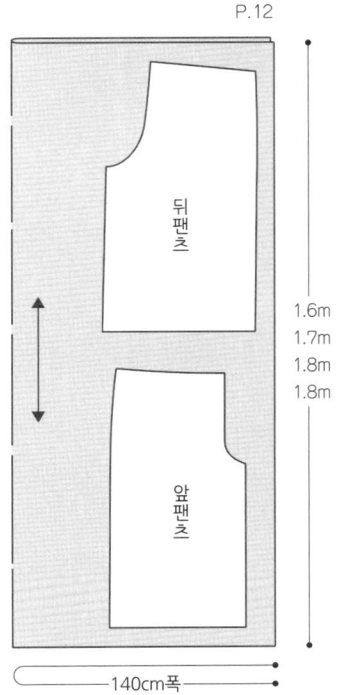

P.12

뒤팬츠

앞팬츠

1.6m
1.7m
1.8m
1.8m

140cm폭

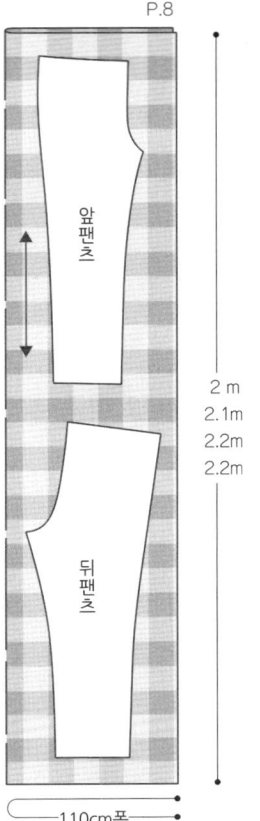

P.8

앞팬츠

뒤팬츠

2 m
2.1m
2.2m
2.2m

110cm폭

P.8·9 깔끔한 9부 팬츠

[재료 (왼쪽부터 S · M · L · LL)]
겉감 (코튼 깅엄체크)
110cm폭 2 · 2.1 · 2.2 · 2.2m
고무줄 1.5cm 폭 60 · 60 · 65 · 70cm

[완성 사이즈]
엉덩이둘레 96 · 100 · 104 · 108cm
전체길이 84.5 · 88 · 92.5 · 92.5cm

실물크기 패턴 A면

P.12·13 와이드 팬츠

[재료 (왼쪽부터 S · M · L · LL)]
재료 (무지 코튼리넨)
140cm폭 1.6 · 1.7 · 1.8 · 1.8m
고무줄 1.5cm폭 60 · 60 · 65 · 70cm

[완성 사이즈]
엉덩이둘레 118 · 122 · 126 · 130cm
전체길이 68 · 71 · 74.5 · 74.5cm

실물크기 패턴 B면

리투아니아

---

3. 밑위를 봉합한다

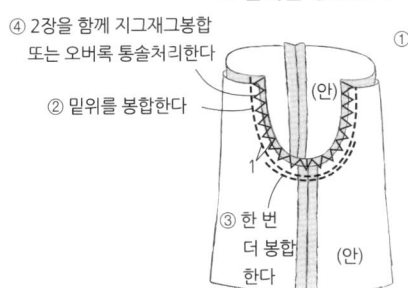

④ 2장을 함께 지그재그봉합 또는 오버록 통솔처리한다

② 밑위를 봉합한다

① 한쪽 팬츠만 겉으로 뒤집어 반대쪽의 안으로 넣는다 (겉끼리 맞닿게 넣는다)

③ 한 번 더 봉합한다

(안)

(안)

1

2. 옆·밑아래선을 봉합한다

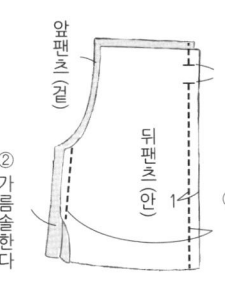

앞팬츠 (겉)

뒤팬츠 (안)

왼쪽 옆 시접에 고무줄 통로 입구를 남겨둔다

② 가름솔 한다

① 앞·뒤팬츠를 겉끼리 맞대어 봉합한다

1

1

1. 봉합 전 준비

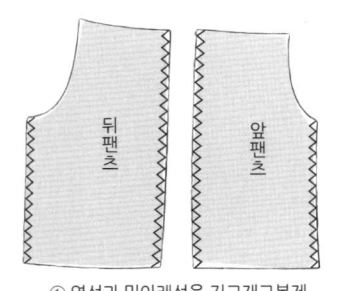

뒤팬츠

앞팬츠

① 옆선과 밑아래선을 지그재그봉제 또는 오버록 처리한다

---

5. 밑단을 마무리한다

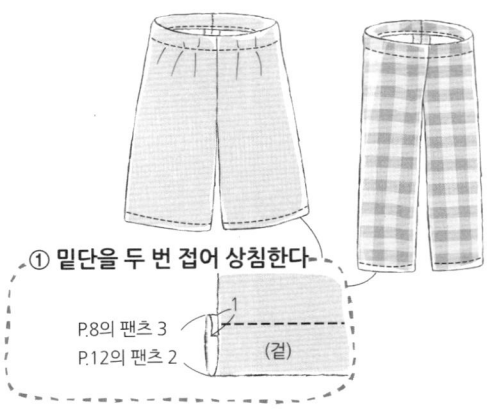

① 밑단을 두 번 접어 상침한다

P.8의 팬츠 3
P.12의 팬츠 2

1

(겉)

4. 허릿단를 마무리한다

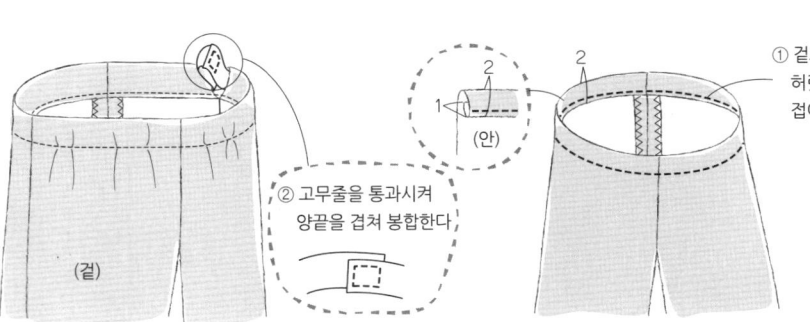

② 고무줄을 통과시켜 양끝을 겹쳐 봉합한다

(겉)

2

1

(안)

① 겉으로 뒤집고 허릿단를 두 번 접어 상침한다

2

P.20·21 캐미솔 원피스

[재료(왼쪽부터 S · M · L · LL)]
겉감(무지 리넨) 140cm폭 1.4 · 1.4 · 1.6 · 1.6 m
(110cm폭의 경우 1.7 · 1.7 · 2 · 2 m)
단추 1.5cm 4개

[완성 사이즈]
가슴둘레 87 · 90 · 94 · 97cm
전체길이 75 · 79 · 83 · 83cm

실물크기 패턴 A면

Ann-lee
바이오워싱

P.10·11 캐미솔 롱 원피스

[재료(왼쪽부터 S · M · L · LL)]
겉감(무지 리넨) 110cm폭 2.4 · 2.4 · 2.7 · 2.7m
(140cm폭의 경우 2 · 2 · 2.3 · 2.3m)
단추 1cm 4개

[완성 사이즈]
가슴둘레 87 · 90 · 94 · 97cm
전체길이 106 · 110 · 114 · 114cm

실물크기 패턴 A면

Ann-lee
바이오워싱

원단 재단방법

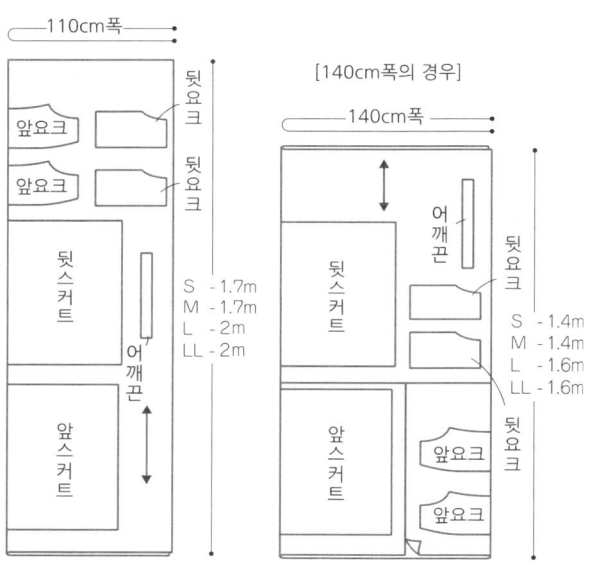

원단 재단방법

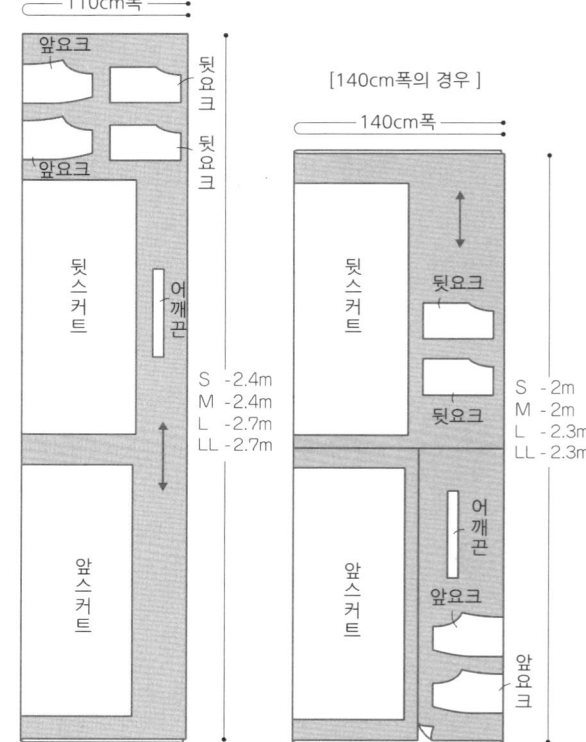

2. 겉요크에 어깨끈을 임시 고정한다

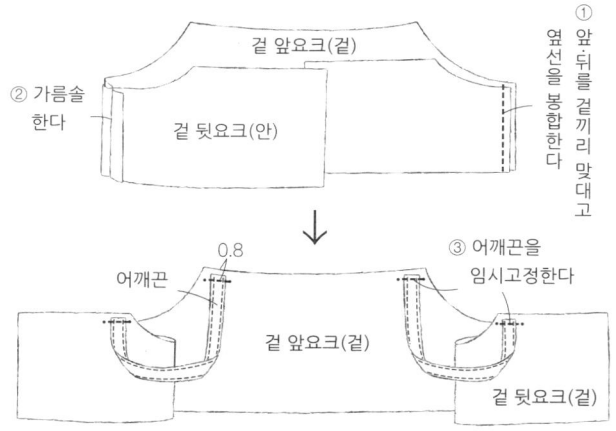

1. 어깨끈을 만든다

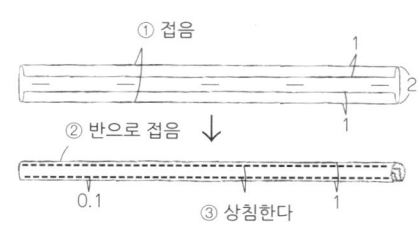

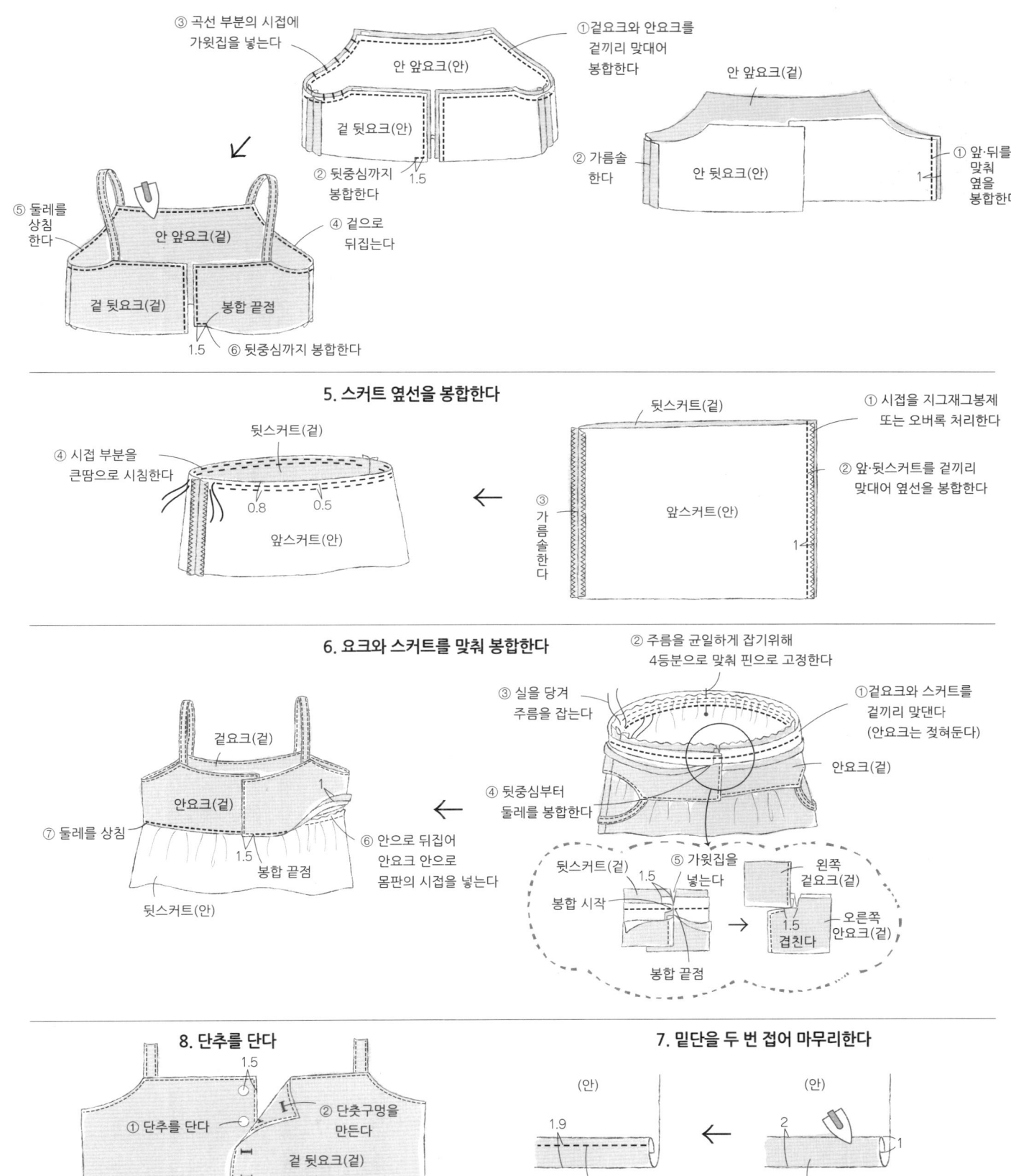

4. 요크를 맞춰 봉합한다

③ 곡선 부분의 시접에 가윗집을 넣는다

안 앞요크(안)

① 겉요크와 안요크를 겉끼리 맞대어 봉합한다

겉 뒷요크(안)

② 뒷중심까지 봉합한다 1.5

⑤ 둘레를 상침 한다

안 앞요크(겉)

④ 겉으로 뒤집는다

겉 뒷요크(겉)   봉합 끝점

1.5 ⑥ 뒷중심까지 봉합한다

3. 안요크의 옆선을 봉합한다

안 앞요크(겉)

안 뒷요크(안)

② 가름솔 한다

① 앞·뒤를 맞춰 옆을 봉합한다 1

5. 스커트 옆선을 봉합한다

뒷스커트(겉)

④ 시접 부분을 큰땀으로 시침한다

0.8   0.5

앞스커트(안)

③ 가름솔 한다

뒷스커트(겉)

① 시접을 지그재그봉제 또는 오버록 처리한다

앞스커트(안)

② 앞·뒷스커트를 겉끼리 맞대어 옆선을 봉합한다 1

6. 요크와 스커트를 맞춰 봉합한다

② 주름을 균일하게 잡기위해 4등분으로 맞춰 핀으로 고정한다

겉요크(겉)

③ 실을 당겨 주름을 잡는다

① 겉요크와 스커트를 겉끼리 맞댄다 (안요크는 젖혀둔다)

안요크(겉)

1

안요크(겉)

1.5 봉합 끝점

⑦ 둘레를 상침

⑥ 안으로 뒤집어 안요크 안으로 몸판의 시접을 넣는다

④ 뒷중심부터 둘레를 봉합한다

뒷스커트(안)

뒷스커트(겉) 1.5 ⑤ 가윗집을 넣는다

봉합 시작

봉합 끝점

왼쪽 겉요크(겉)

1.5 겹친다

오른쪽 안요크(겉)

8. 단추를 단다

1.5

① 단추를 단다

② 단춧구멍을 만든다

겉 뒷요크(겉)

7. 밑단을 두 번 접어 마무리한다

(안)

1.9

② 상침

(안)

2

1

① 밑단의 시접을 1→2cm 순으로 두 번 접음

P.22 베스트

[재료(왼쪽부터 S · M · L · LL)]
겉감(리넨 더블거즈) 110cm폭 1 · 1 · 1.3 · 1.3m
(140cm폭의 경우 0.8 · 0.8 · 1.1 · 1.1m)
단추 1.8cm 5개 소잉심지 20cm폭 50cm

[완성 사이즈]
가슴둘레 89 · 92 · 96 · 99m
전체길이 53 · 55 · 57 · 57m

실물크기 패턴 B면

P.15 롱 베스트

[재료(왼쪽부터 S · M · L · LL)]
겉감(리넨 더블거즈) 110cm폭 1.4 · 1.4 · 1.6 · 1.6m
(140cm폭의 경우 1 · 1 · 1.4 · 1.4m)
리본 1.3cm폭 1.5m 소잉심지 20cm폭 70cm

[완성 사이즈]
가슴둘레 89 · 92 · 96 · 99m
전체길이 68 · 71 · 73 · 73m

실물크기 패턴 B면

[원단 재단방법]

[110cm폭의 경우]

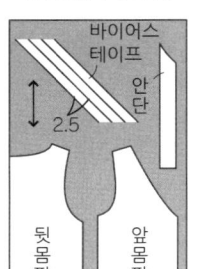
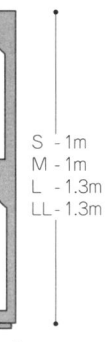

바이어스 테이프
안단
2.5
뒷몸판
앞몸판

[140cm폭의 경우]

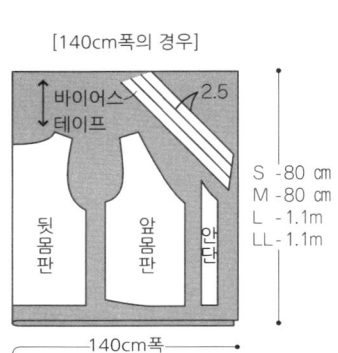

바이어스 테이프
2.5
뒷몸판
앞몸판
안단

S - 1m
M - 1m
L - 1.3m
LL - 1.3m

S - 80㎝
M - 80㎝
L - 1.1m
LL - 1.1m

110cm폭

140cm폭

[110cm폭의 경우]

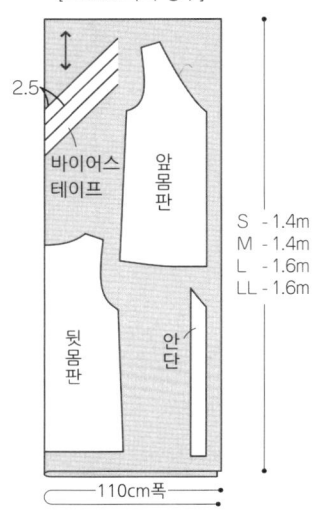

2.5
바이어스 테이프
앞몸판
뒷몸판
안단

S - 1.4m
M - 1.4m
L - 1.6m
LL - 1.6m

110cm폭

[원단 재단방법]

[140cm폭의 경우]

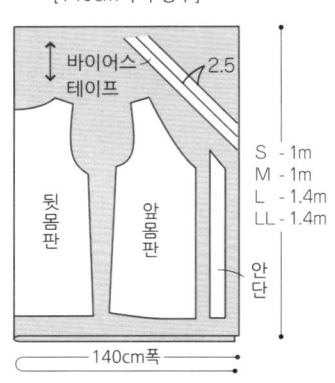

바이어스 테이프
2.5
뒷몸판
앞몸판
안단

S - 1m
M - 1m
L - 1.4m
LL - 1.4m

140cm폭

---

2. 어깨선·옆선을 봉합한다

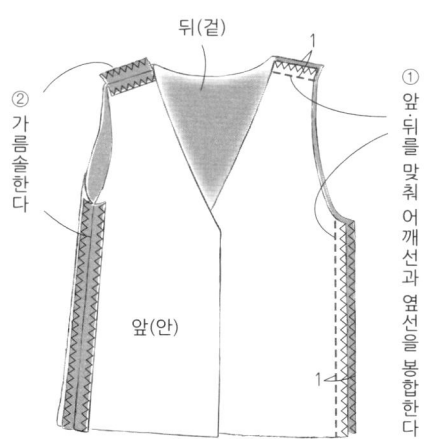

뒤(겉)
① 앞뒤를 맞춰 어깨선과 옆선을 봉합한다
② 가름솔한다
앞(안)
1
1

1. 봉합 전 준비

[지그재그봉제 또는 오버록 처리]

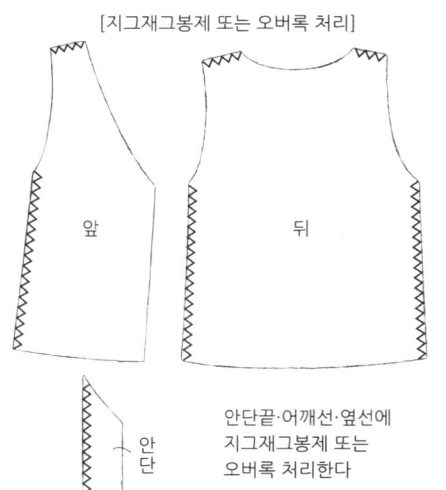

앞
뒤
안단

안단끝·어깨선·옆선에
지그재그봉제 또는
오버록 처리한다

[소잉심지]

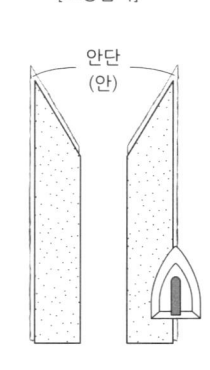

안단(안)

안단의 안쪽에
소잉심지를
다리미로 붙인다
(열이 식을 때까지
움직이지 않는다)

3. 암홀을 마무리한다

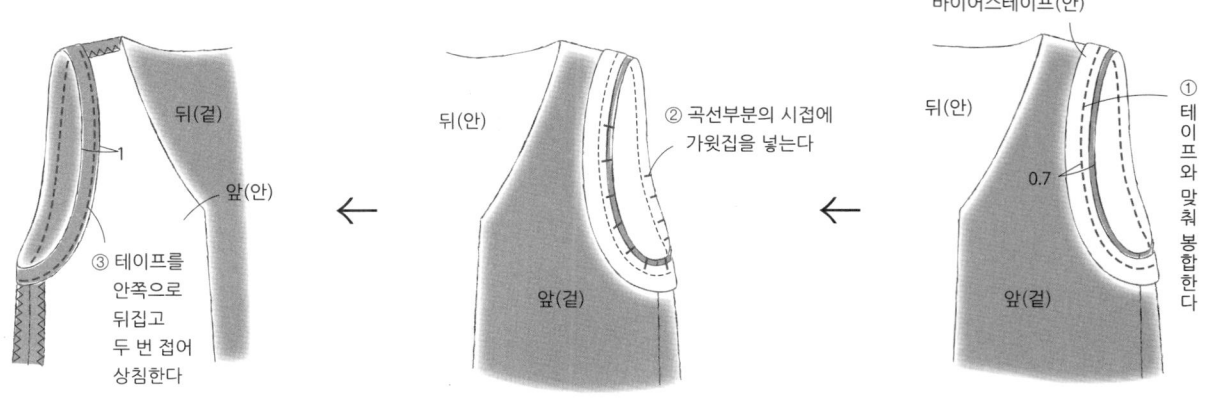

뒤(겉)

1

앞(안)

③ 테이프를
안쪽으로
뒤집고
두 번 접어
상침한다

뒤(안)

② 곡선부분의 시접에
가윗집을 넣는다

앞(겉)

바이어스테이프(안)

뒤(안)

0.7

① 테이프와 맞춰 봉합한다

앞(겉)

5. 밑단을 마무리한다

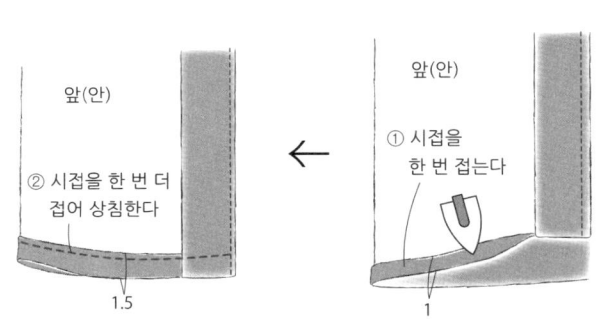

앞(안)

② 시접을 한 번 더
접어 상침한다

1.5

앞(안)

① 시접을
한 번 접는다

1

4. 목둘레·안단을 마무리한다

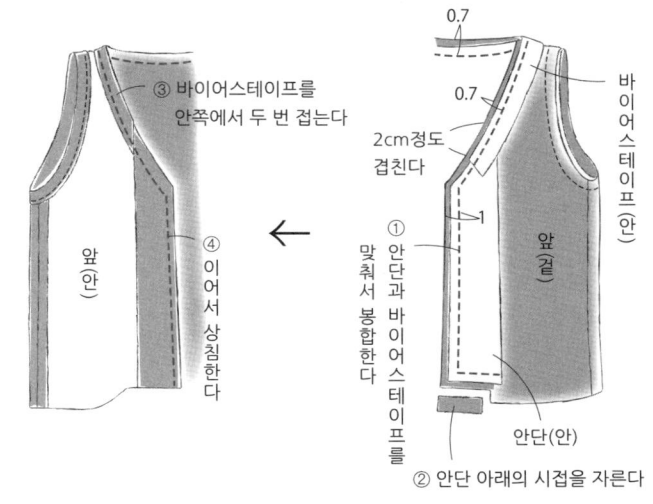

앞(안)

③ 바이어스테이프를
안쪽에서 두 번 접는다

④ 이어서 상침한다

0.7

0.7

2cm정도 겹친다

바이어스테이프(안)

① 안단과 바이어스테이프를 맞춰서 봉합한다

1

앞(겉)

안단(안)

② 안단 아래의 시접을 자른다

7. 리본을 단다 (15페이지의 베스트)

① 단춧구멍을 만든다

② 리본을 단다

봉합

6. 단추를 단다 (22페이지의 베스트)

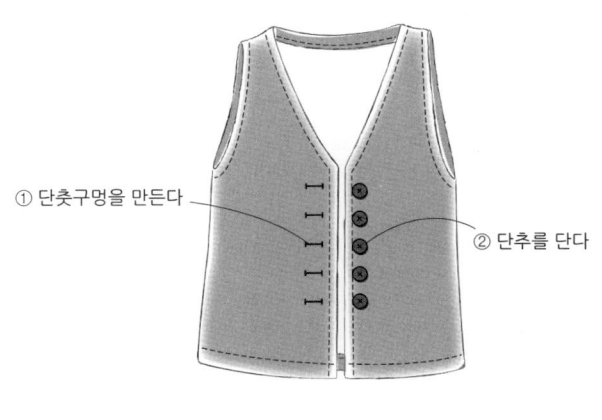

① 단춧구멍을 만든다

② 단추를 단다

1. 봉합 전 준비

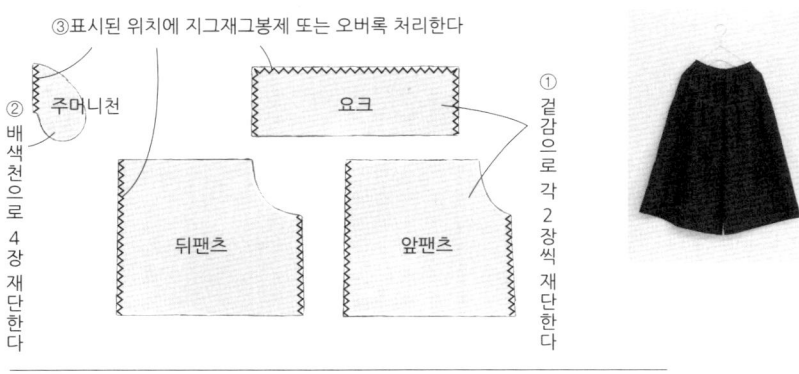

③표시된 위치에 지그재그봉제 또는 오버록 처리한다

② 배색천으로 4장 재단한다

주머니천

요크

뒤팬츠   앞팬츠

① 겉감으로 각 2장씩 재단한다

P.14·15 롱 큐롯 팬츠

재료(왼쪽부터 S·M·L·LL)
겉감(리넨 더블거즈) 140cm폭 1.8·1.8·1.9·1.9m
(110cm폭의 경우 1.9·2·2.1·2.1m)
주머니용 배색천 110cm폭 30cm
고무줄 2.5cm폭 65·70·75·75cm
소잉테이프 1cm폭 30cm

[완성 사이즈]
허리둘레 약 60·64·68·72cm
전체길이 74·77·80.5·80.5cm

실물크기 패턴 A면

2. 주머니를 달고, 옆선을 봉합한다

팬츠

주머니 입구

팬츠(안)

① 붙인다 시접에 소잉테이프를 주머니 입구의

1.5

요크

(겉)

안단 5cm

요크(안)

1.2cm

고무줄 통로 입구

1.2cm

① 고무줄 통로 입구를 남기고 봉합한다

원단 재단방법

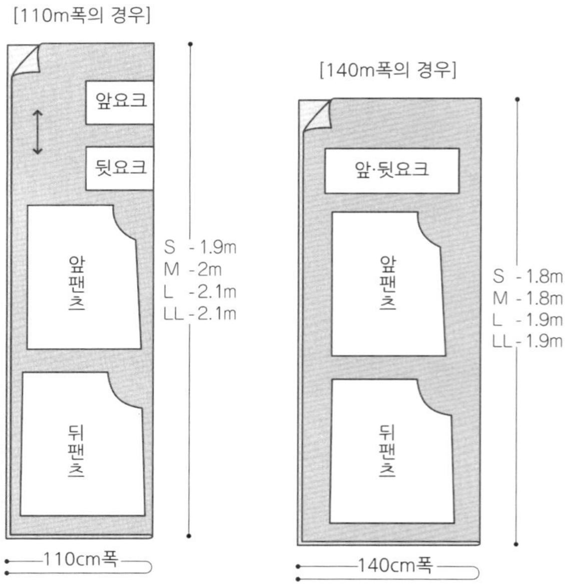

[110m폭의 경우]

앞요크
뒷요크
앞팬츠
뒤팬츠

S - 1.9m
M - 2m
L - 2.1m
LL - 2.1m

110cm폭

[140m폭의 경우]

앞·뒷요크
앞팬츠
뒤팬츠

S - 1.8m
M - 1.8m
L - 1.9m
LL - 1.9m

140cm폭

② 앞·뒤 각각에 주머니천을 맞춰 봉합한다

뒤팬츠(겉)   앞팬츠(겉)

주머니천(안)   1.5   1.3   주머니천(안)

③ 주머니천을 젖히고, 앞·뒤를 맞춰 옆선을 봉합한다(주머니 입구를 남긴다)

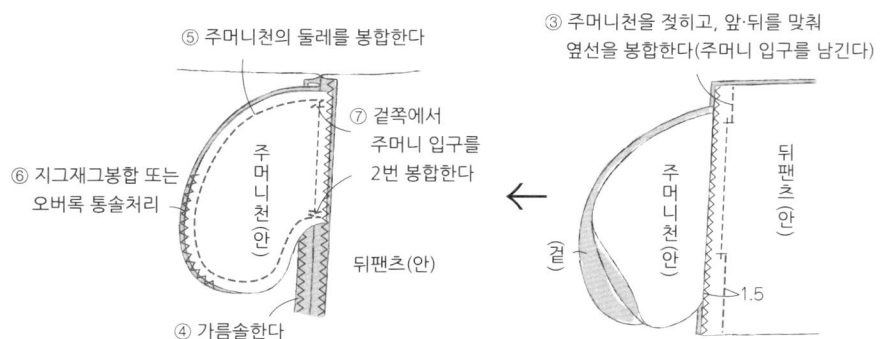

뒤팬츠(안)

주머니천(안)

(겉)

1.5

⑤ 주머니천의 둘레를 봉합한다

⑦ 겉쪽에서 주머니 입구를 2번 봉합한다

⑥ 지그재그봉합 또는 오버록 통솔처리

주머니천(안)

뒤팬츠(안)

④ 가름솔한다

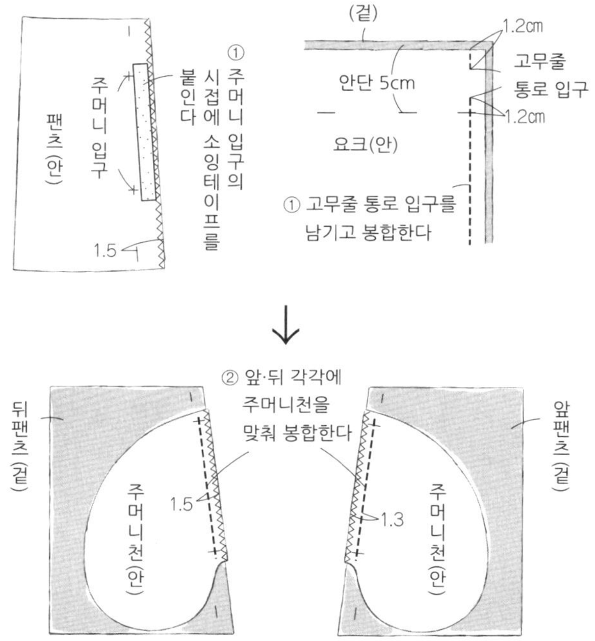

3. 왼쪽과 오른쪽의 팬츠를 맞춰 봉합한다

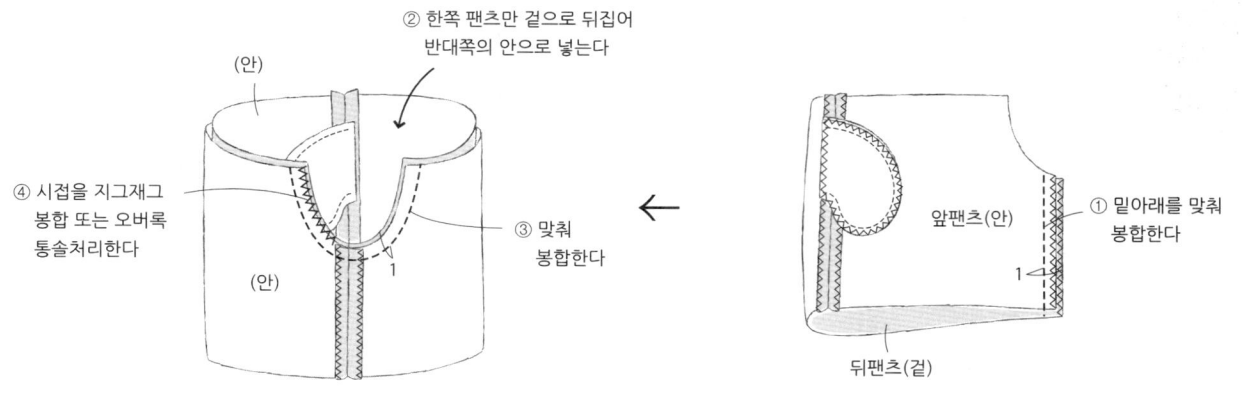

② 한쪽 팬츠만 겉으로 뒤집어 반대쪽의 안으로 넣는다

(안)

④ 시접을 지그재그 봉합 또는 오버록 통솔처리한다

(안)

③ 맞춰 봉합한다

1

앞팬츠(안)

① 밑아래를 맞춰 봉합한다

1

뒤팬츠(겉)

4. 요크와 팬츠를 맞춰 봉합한다

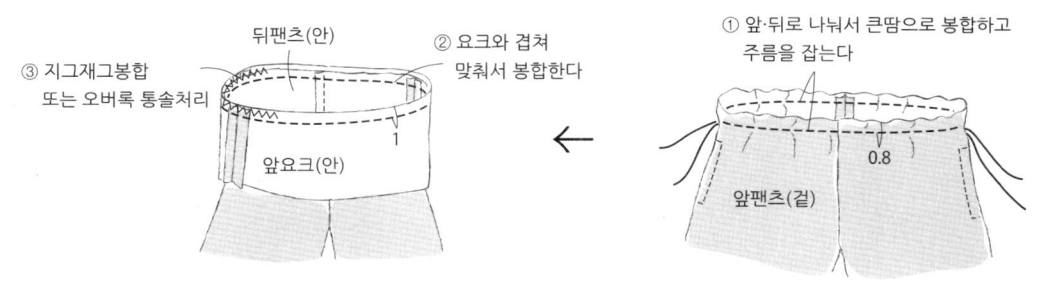

뒤팬츠(안)

③ 지그재그봉합 또는 오버록 통솔처리

② 요크와 겹쳐 맞춰서 봉합한다

1

앞요크(안)

① 앞·뒤로 나눠서 큰땀으로 봉합하고 주름을 잡는다

0.8

앞팬츠(겉)

6. 밑단을 마무리한다

팬츠(안)

① 밑단을 두 번 접어 상침한다

0.2   3

1

5. 허리에 고무줄을 통과시킨다

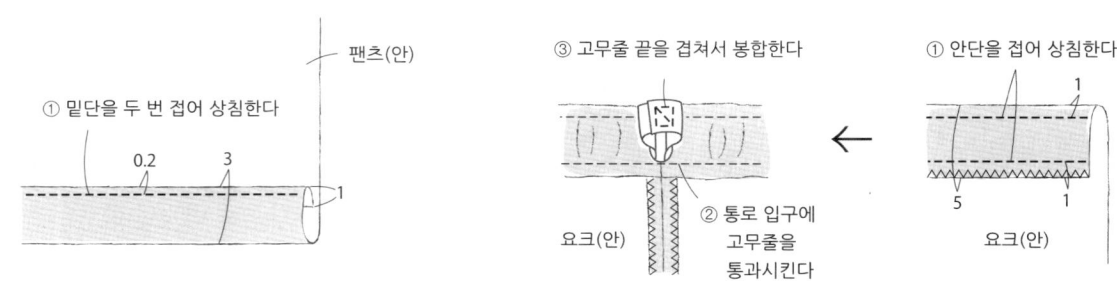

③ 고무줄 끝을 겹쳐서 봉합한다

② 통로 입구에 고무줄을 통과시킨다

요크(안)

① 안단을 접어 상침한다

1

5   1

요크(안)

P.16·18 라운드넥 롱 재킷

[재료(왼쪽부터 S · M · L · LL)]
겉감(리넨 데님)
140cm폭 1.4 · 1.4 · 1.5 · 1.5m
파이핑용·배색천(리넨 데님) 140cm폭 90cm
걸고리 1쌍

[완성 사이즈]
가슴둘레 96.8 · 100 · 104 · 107.2cm
옷길이 69.7 · 72 · 74.5 · 74.5cm
소매길이 54 · 57 · 58 · 58cm

[실물크기 패턴] B면

P.17·19 라운드넥 숏 재킷

[재료(왼쪽부터 S · M · L · LL)]
겉감(리넨 데님)
140cm폭 1.1 · 1.1 · 1.2 · 1.2m
파이핑용·배색천(리넨 데님) 140cm폭 70cm
걸고리 1쌍

[완성 사이즈]
가슴둘레 96.8 · 100 · 104 · 107.2cm
옷길이 52.2 · 54 · 55.5 · 55.5cm
소매길이 39.7 · 42 · 42.9 · 42.9cm

[실물크기 패턴] B면

---

1. 봉합 전 준비

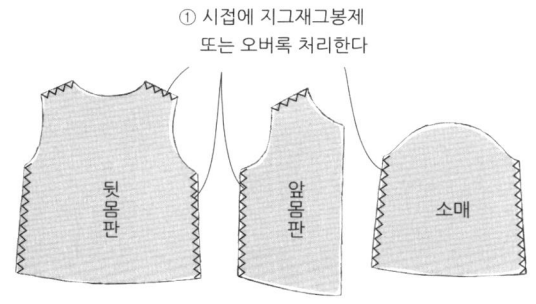

① 시접에 지그재그봉제
또는 오버록 처리한다

② 배색천으로 4.5cm폭의 바이어스테이프를 만든다

롱		숏	
S	4.2cm	S	3.4cm
M	4.2cm	M	3.4cm
L	4.3cm	L	3.5cm
LL	4.4cm	LL	3.6cm

원단 재단방법

P.16 (롱)

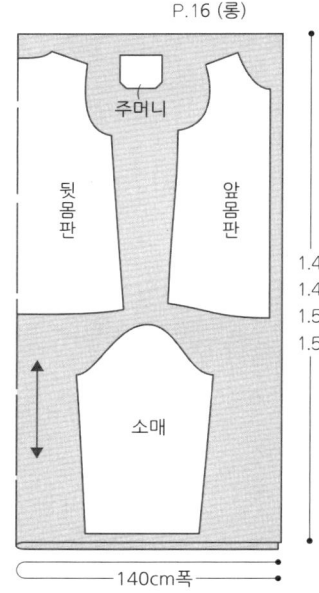

1.4m
1.4m
1.5m
1.5m

140cm폭

P.17 (숏)

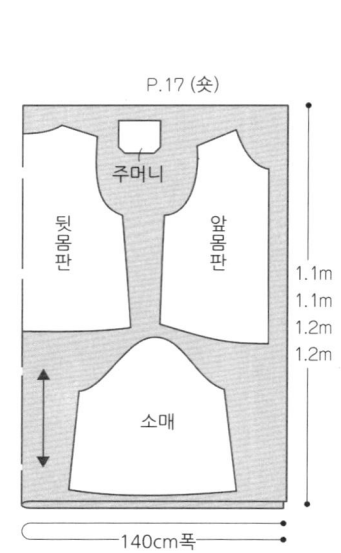

1.1m
1.1m
1.2m
1.2m

140cm폭

---

2. 주머니를 단다

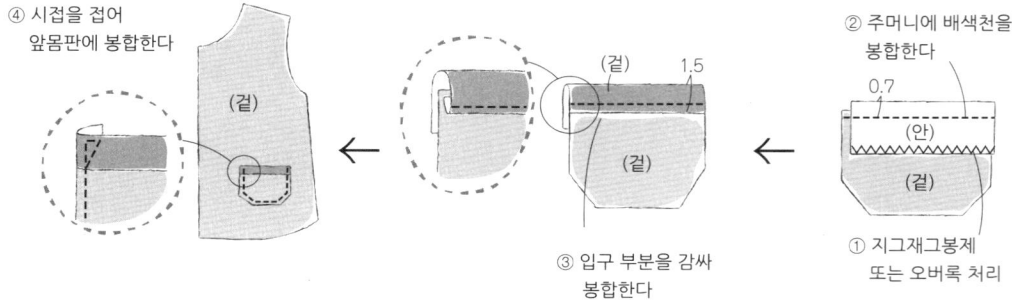

④ 시접을 접어
앞몸판에 봉합한다

③ 입구 부분을 감싸
봉합한다

② 주머니에 배색천을
봉합한다

① 지그재그봉제
또는 오버록 처리

4. 소매를 만든다

⑤ 바이어스테이프로 소맷부리를 감싸 봉합한다

1.5

③ 봉합

④ 가름솔한다

소매(안)

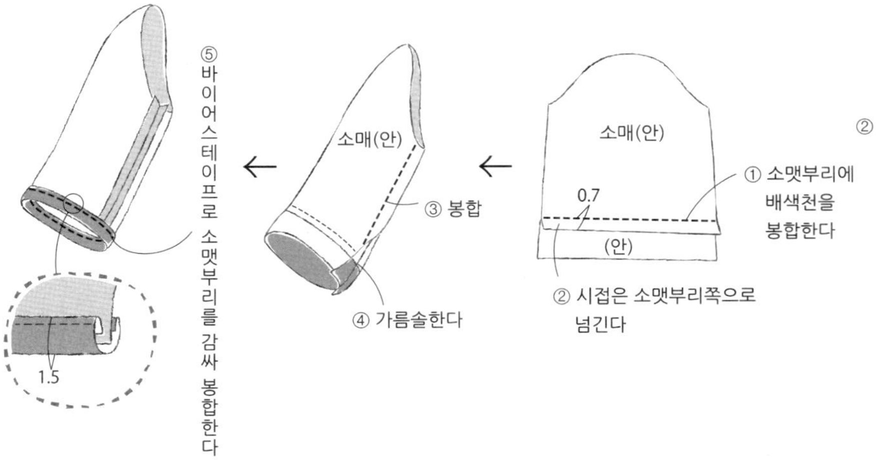

소매(안)

① 소맷부리에 배색천을 봉합한다

0.7

(안)

② 시접은 소맷부리쪽으로 넘긴다

3. 몸판을 만든다

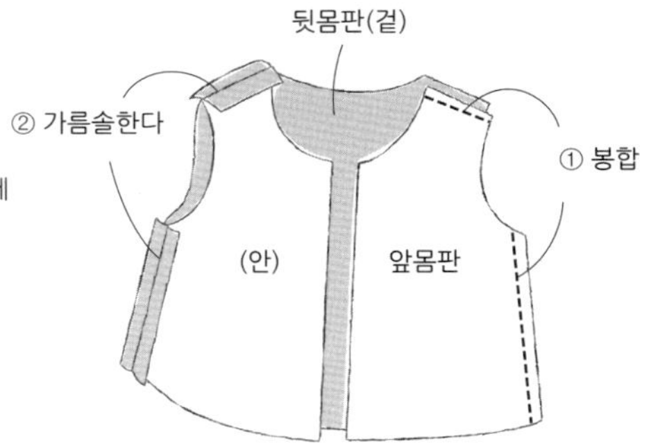

뒷몸판(겉)

② 가름솔한다

① 봉합

(안)

앞몸판

6. 완성

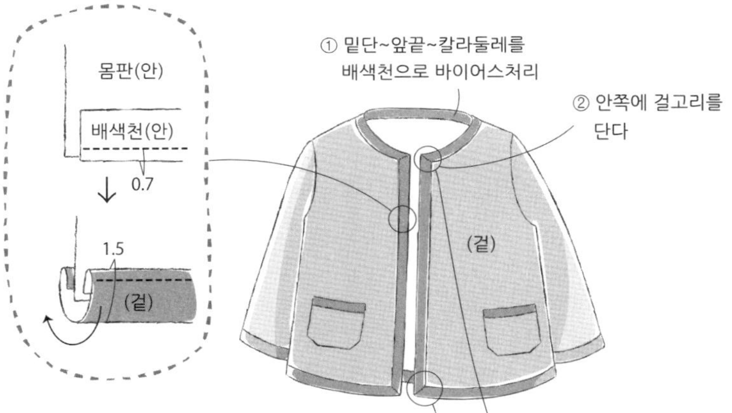

몸판(안)

배색천(안)

↓ 0.7

1.5

(겉)

① 밑단~앞끝~칼라둘레를 배색천으로 바이어스처리

② 안쪽에 걸고리를 단다

(겉)

5. 소매를 단다

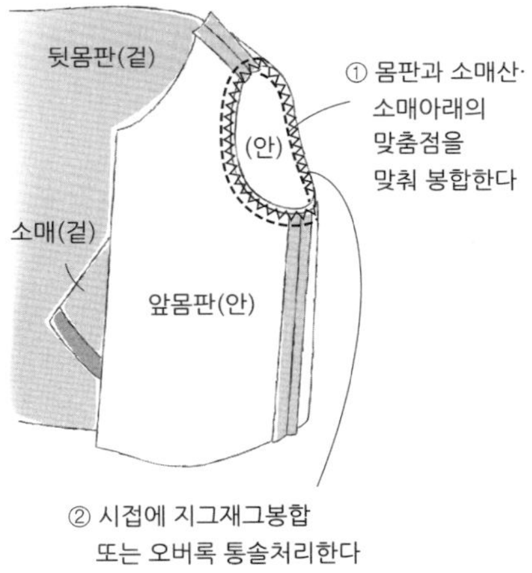

뒷몸판(겉)

소매(겉)

앞몸판(안)

① 몸판과 소매산· 소매아래의 맞춤점을 맞춰 봉합한다

② 시접에 지그재그봉합 또는 오버록 통솔처리한다

모서리 봉합방법

④ 겉에서 상침

겉감 (겉)

③ 각 면의 바이어스테이프를 겉으로 넘긴다.

겉감 (겉)

② 바이어스테이프 방향을 바꿔 이어서 봉합한다

겉감 (안)

① 완성선까지 봉합한다

바이어스테이프(안)

겉감(안)

0.7

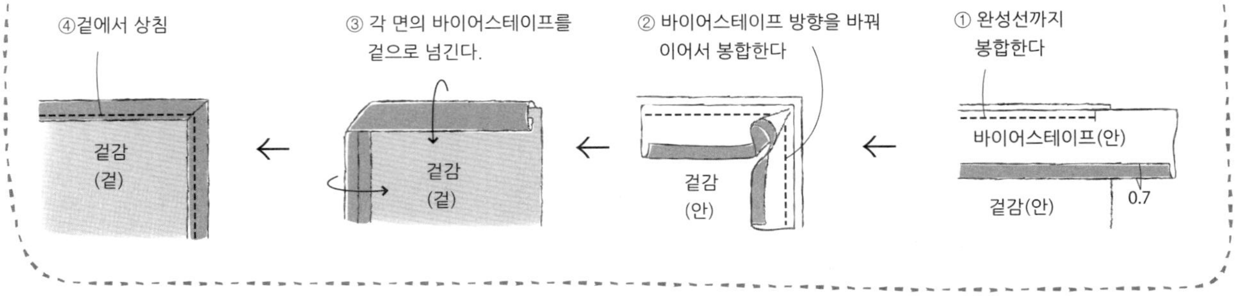

3. 어깨선·옆선을 봉합한다

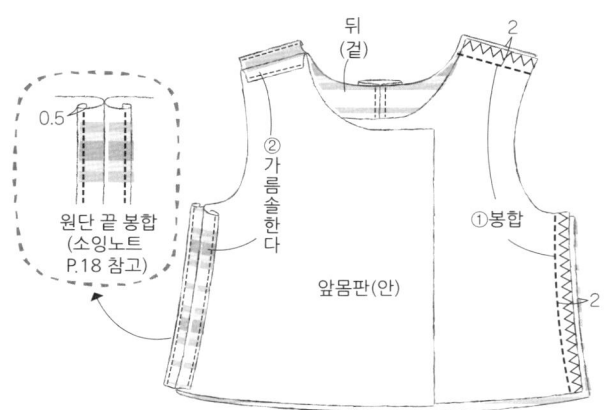

0.5

원단 끝 봉합
(소잉노트 P.18 참고)

뒤
(겉)

② 가름솔한다

① 봉합

2

앞몸판(안)

2

4. 칼라를 만든다

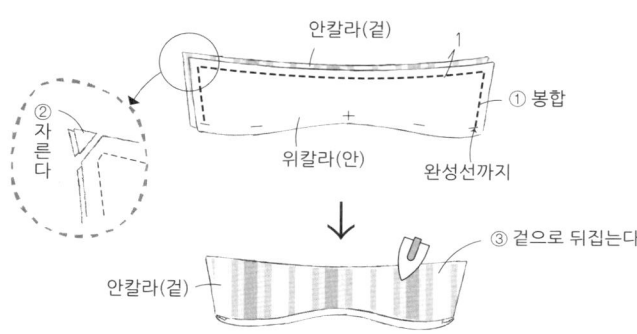

② 자른다

안칼라(겉)

1

위칼라(안)

① 봉합

완성선까지

안칼라(겉)

③ 겉으로 뒤집는다

5. 안단을 단다

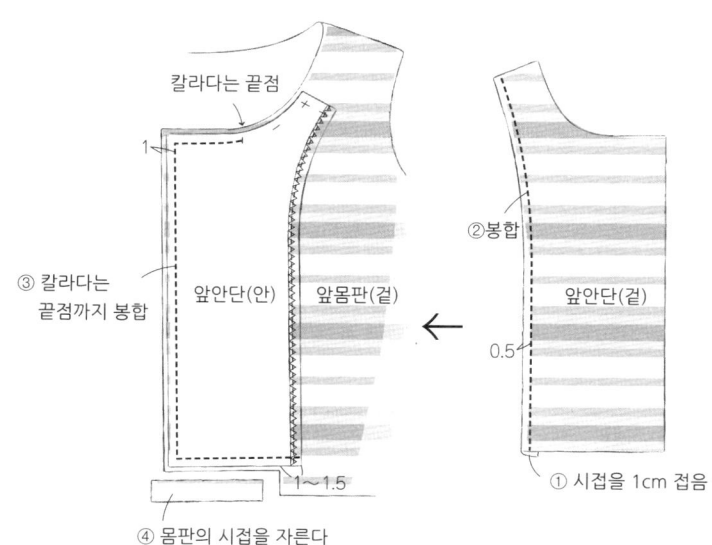

칼라다는 끝점

1

③ 칼라다는 끝점까지 봉합

앞안단(안)

앞몸판(겉)

② 봉합

앞안단(겉)

0.5

④ 몸판의 시접을 자른다

1~1.5

① 시접을 1cm 접음

Vancet 오가닉

[재료(왼쪽부터 S · M · L · LL)]
겉감(줄무늬 코튼 폴리에스테르 혼방)
140cm폭 1.7 · 1.8 · 1.9 · 2m
바이어스테이프 1.2cm폭 130cm
스냅단추 2.2cm 3쌍
장식단추 3.5cm 4쌍
소잉테이프 1cm폭 1.5m

[완성 사이즈]
가슴둘레 94 · 100 · 106 · 110cm
옷길이 51.5 · 53 · 54.5 · 56cm
소매길이 44.5 · 45 · 45.5 · 46cm

[실물크기 패턴] C면

원단 재단방법

※소매아래의 시접은 부족하지 않도록 넉넉하게 준다

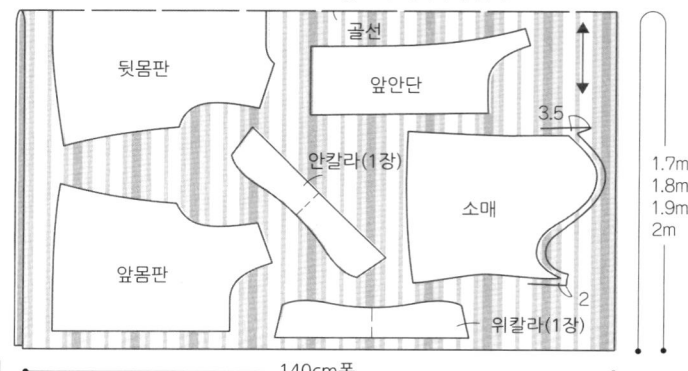

뒷몸판

골선

앞안단

안칼라(1장)

3.5

소매

앞몸판

위칼라(1장)

2

1.7m
1.8m
1.9m
2m

140cm폭

1. 봉합 전 준비

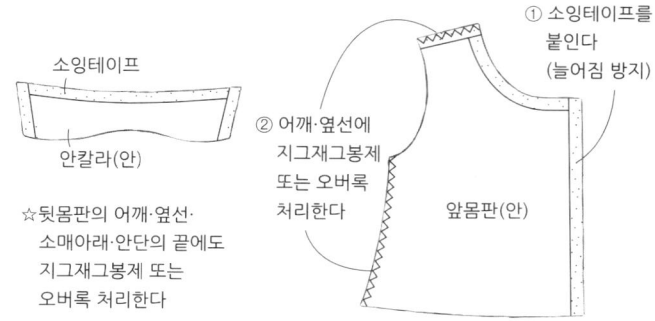

소잉테이프

안칼라(안)

☆뒷몸판의 어깨·옆선·소매아래·안단의 끝에도 지그재그봉제 또는 오버록 처리한다

① 소잉테이프를 붙인다
(늘어짐 방지)

② 어깨·옆선에 지그재그봉제 또는 오버록 처리한다

앞몸판(안)

2. 뒷중심에 맞주름(플리츠)을 만든다

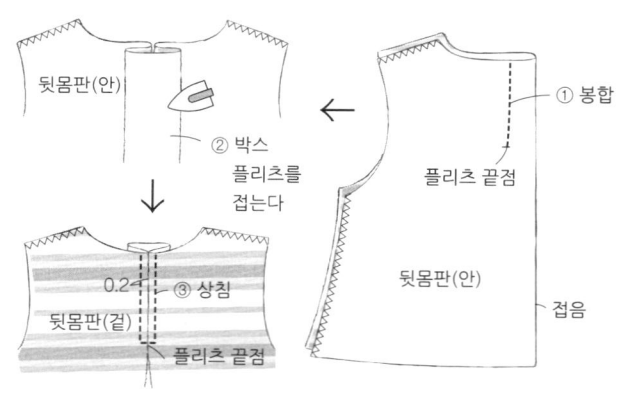

뒷몸판(안)

② 박스 플리츠를 접는다

0.2 ③ 상침

뒷몸판(겉)

플리츠 끝점

① 봉합

플리츠 끝점

뒷몸판(안)

접음

96

9. 소매를 만든다

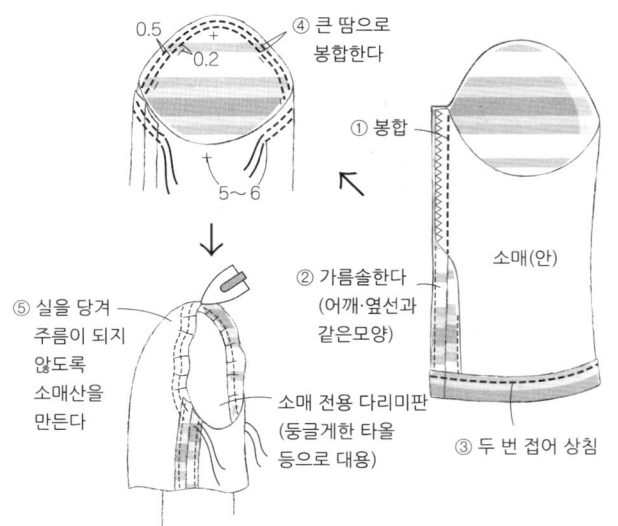

0.5
0.2
④ 큰 땀으로 봉합한다
5~6
① 봉합
소매(안)
② 가름솔한다 (어깨·옆선과 같은모양)
⑤ 실을 당겨 주름이 되지 않도록 소매산을 만든다
소매 전용 다리미판 (둥글게한 타올 등으로 대용)
③ 두 번 접어 상침

10. 소매를 단다

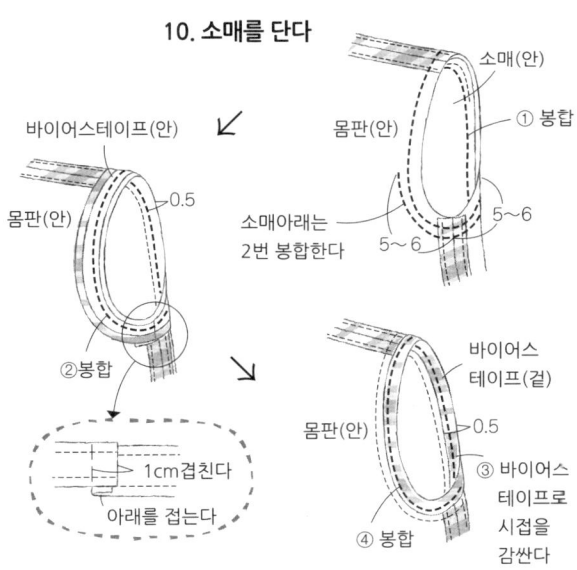

바이어스테이프(안)
몸판(안)
0.5
②봉합
소매(안)
① 봉합
몸판(안)
소매아래는 2번 봉합한다
5~6
5~6
1cm겹친다
아래를 접는다
바이어스 테이프(겉)
몸판(안)
0.5
③ 바이어스 테이프로 시접을 감싼다
④ 봉합

11. 단추를 단다

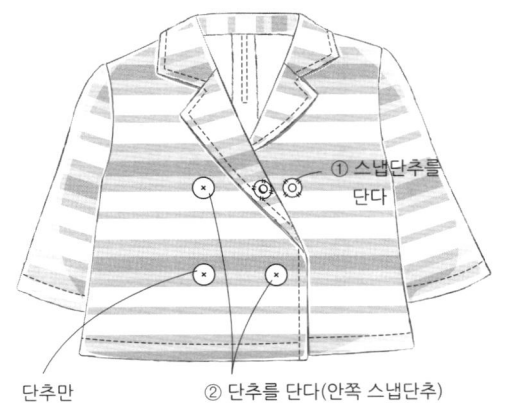

① 스냅단추를 단다
단추만
② 단추를 단다(안쪽 스냅단추)

6. 칼라를 단다

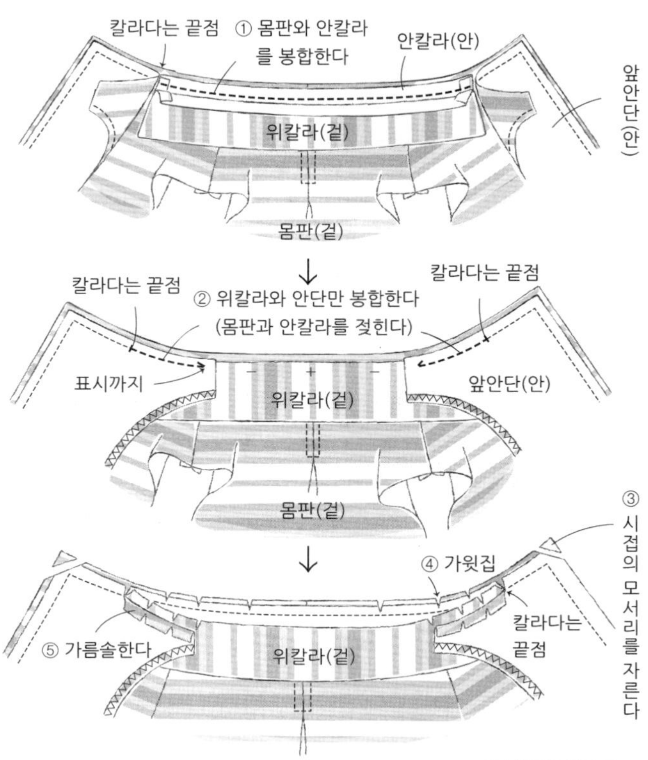

칼라다는 끝점
① 몸판과 안칼라를 봉합한다
안칼라(안)
앞안단(안)
위칼라(겉)
몸판(겉)

칼라다는 끝점
② 위칼라와 안단만 봉합한다 (몸판과 안칼라를 젖힌다)
칼라다는 끝점
표시까지
위칼라(겉)
앞안단(안)
몸판(겉)
③ 시접의 모서리를 자른다

④ 가윗집
칼라다는 끝점
⑤ 가름솔한다
위칼라(겉)

7. 칼라둘레를 마무리한다

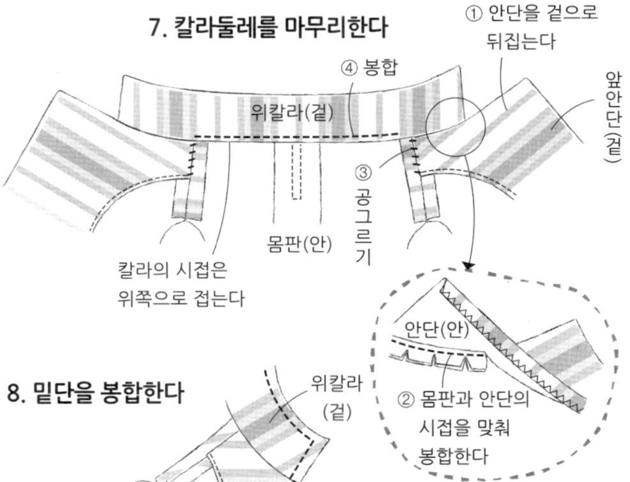

① 안단을 겉으로 뒤집는다
④ 봉합
위칼라(겉)
앞안단(겉)
③ 공그르기
몸판(안)
칼라의 시접은 위쪽으로 접는다

안단(안)
② 몸판과 안단의 시접을 맞춰 봉합한다

8. 밑단을 봉합한다

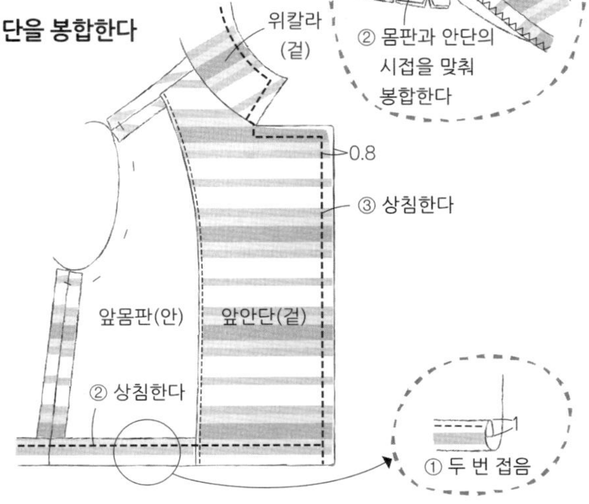

위칼라(겉)
0.8
③ 상침한다
앞몸판(안)
앞안단(겉)
② 상침한다
① 두 번 접음

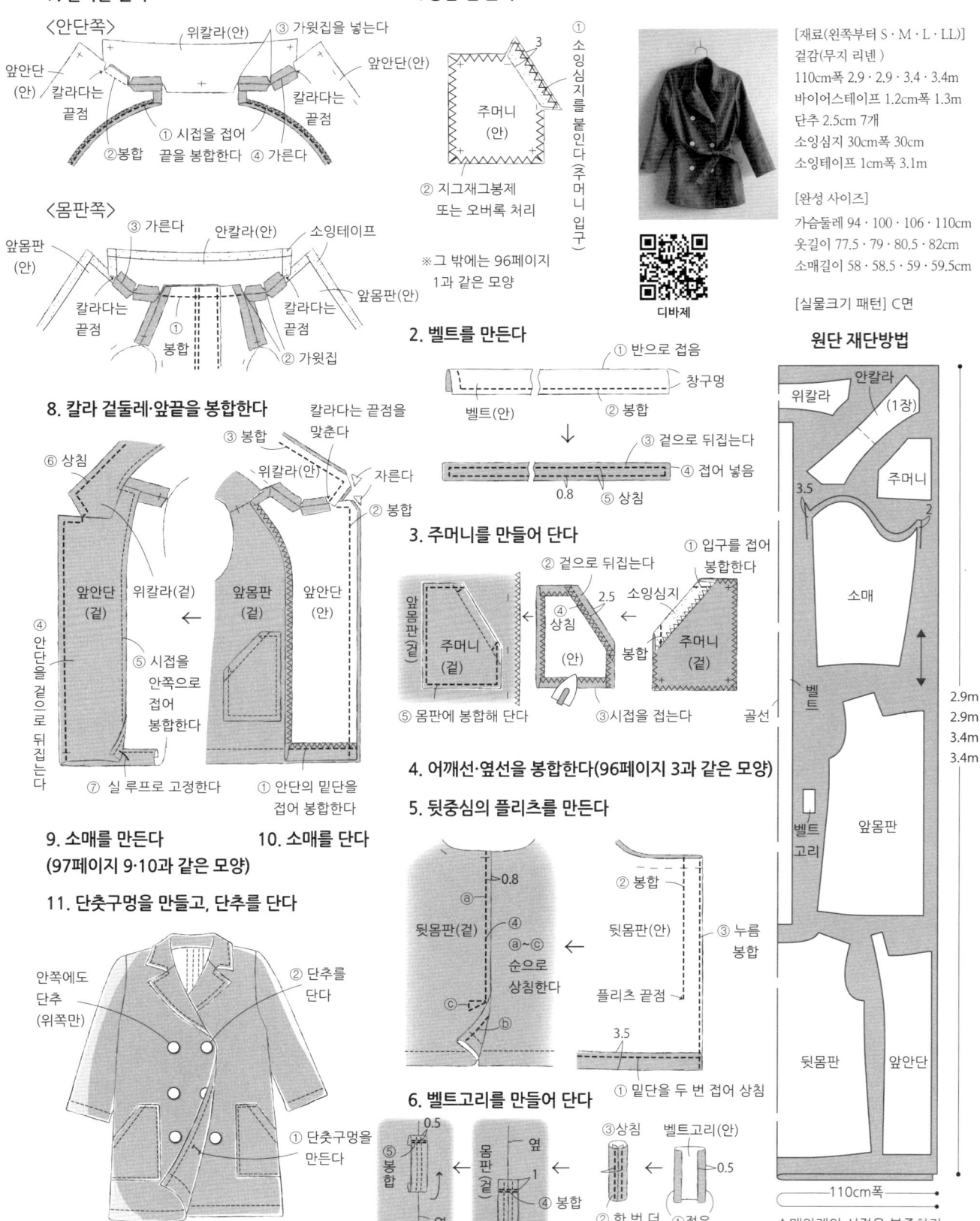

7. 칼라를 단다

〈안단쪽〉
위칼라(안) / ③ 가윗집을 넣는다
앞안단(안)
앞안단(안)
칼라다는 끝점
① 시접을 접어 끝을 봉합한다
② 봉합
④ 가른다
칼라다는 끝점

〈몸판쪽〉
앞몸판(안)
③ 가른다 / 안칼라(안) / 소잉테이프
칼라다는 끝점
① 봉합
② 가윗집
앞몸판(안)
칼라다는 끝점

8. 칼라 겉둘레·앞끝을 봉합한다

⑥ 상침
③ 봉합
위칼라(안) / 칼라다는 끝점을 맞춘다
자른다
② 봉합
앞안단(겉) / 위칼라(겉) / 앞몸판(겉) / 앞안단(안)
④ 안단을 겉으로 뒤집는다
⑤ 시접을 안쪽으로 접어 봉합한다
⑦ 실 루프로 고정한다
① 안단의 밑단을 접어 봉합한다

9. 소매를 만든다
(97페이지 9·10과 같은 모양)

10. 소매를 단다

11. 단춧구멍을 만들고, 단추를 단다

안쪽에도 단추(위쪽만)
② 단추를 단다
① 단춧구멍을 만든다

1. 봉합 전 준비

③
① 소잉심지를 붙인다 (주머니 입구)
주머니(안)
② 지그재그봉제 또는 오버록 처리
※그 밖에는 96페이지 1과 같은 모양

2. 벨트를 만든다

① 반으로 접음
창구멍
벨트(안)
② 봉합
③ 겉으로 뒤집는다
④ 접어 넣음
0.8
⑤ 상침

3. 주머니를 만들어 단다

② 겉으로 뒤집는다
① 입구를 접어 봉합한다
소잉심지
2.5
④ 상침
앞몸판(겉)
주머니(겉)
주머니(안)
봉합
주머니(겉)
⑤ 몸판에 봉합해 단다
③ 시접을 접는다
골선

4. 어깨선·옆선을 봉합한다(96페이지 3과 같은 모양)

5. 뒷중심의 플리츠를 만든다

0.8
ⓐ
뒷몸판(겉)
④
ⓐ~ⓒ 순으로 상침한다
ⓒ
ⓑ
② 봉합
뒷몸판(안)
③ 누름 봉합
플리츠 끝점
3.5
① 밑단을 두 번 접어 상침

6. 벨트고리를 만들어 단다

0.5
⑤ 봉합
몸판(겉)
옆
옆
몸판(겉)
1
④ 봉합
③ 상침
벨트고리(안)
0.5
② 한 번 더 접음
① 접음

재료

[재료(왼쪽부터 S·M·L·LL)]
겉감(무지 리넨)
110cm폭 2.9·2.9·3.4·3.4m
바이어스테이프 1.2cm폭 1.3m
단추 2.5cm 7개
소잉심지 30cm폭 30cm
소잉테이프 1cm폭 3.1m

[완성 사이즈]
가슴둘레 94·100·106·110cm
옷길이 77.5·79·80.5·82cm
소매길이 58·58.5·59·59.5cm

[실물크기 패턴] C면

디바제

원단 재단방법

위칼라 / 안칼라(1장)
3.5
주머니
2
소매
벨트
2.9m
2.9m
3.4m
3.4m
벨트고리
앞몸판
벨트고리
뒷몸판 / 앞안단
110cm폭

소매아래의 시접은 부족하지 않도록 넉넉하게 줍니다

6. 칼라를 만든다
(96페이지 4와 같은 모양)

7. 안단을 단다

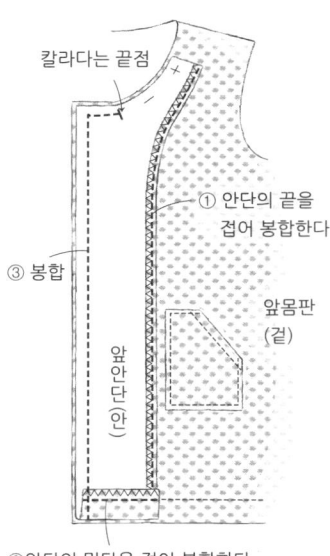

칼라다는 끝점

① 안단의 끝을 접어 봉합한다

③ 봉합

앞몸판
(겉)

앞안단(안)

②안단의 밑단을 접어 봉합한다

8. 칼라를 단다
(97페이지 6과 같은 모양)

9. 칼라둘레를 마무리한다
(97페이지 7과 같은 모양)

10. 소매를 만든다 11.소매를 단다
(97페이지 9·10과 같은 모양)

12. 완성한다

① 앞끝~칼라를
이어서 상침

③ 단춧구멍을
만들고,
단추를
단다

④ 뒷벨트용
단추를 단다

② 안단을 실루프로
고정한다

⑤ 뒷벨트를
단추로
고정한다

뒤

P.28·29 **꽃무늬 리넨 싱글 코트**

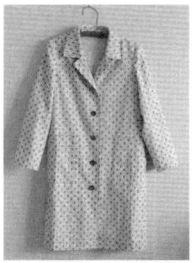

솔레이아도

[재료(왼쪽부터 S·M·L·LL)]
겉감(코튼리넨 캔버스) 110cm폭 3.2m · 3.2m · 3.8m · 3.8m
바이어스테이프 1.2cm폭 1.3m
단추 2.3cm 7개 접착심지 30cm폭 30cm 소잉테이프 1cm폭 3.5m

[완성 사이즈]
가슴둘레 94 · 100 · 106 · 110cm
전체길이 96.5 · 98 · 99.5 · 101cm
소매길이 58 · 58.5 · 59 · 59.5cm

[실물크기 패턴] C면

1. 봉합 전 준비
(98페이지 1과 같은 모양)

2. 뒷벨트를 만든다

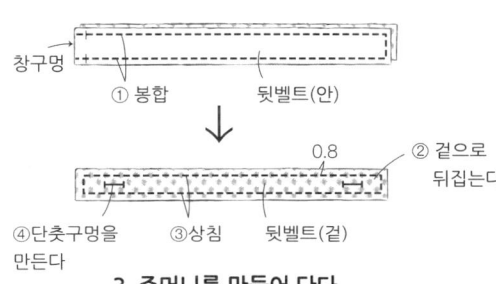

창구멍

① 봉합   뒷벨트(안)

0.8

② 겉으로
뒤집는다

④단춧구멍을
만든다

③상침   뒷벨트(겉)

3. 주머니를 만들어 단다
(98페이지 3과 같은 모양)

4. 어깨선·옆선을 봉합한다
(98페이지 4와 같은 모양)

5. 뒷중심의 플리츠를 만든다
(98페이지 5와 같은 모양)

5.뒷중심의 플리츠를 만든다

4.어깨선·옆선을
봉합한다

앞몸판
(겉)

3.주머니를
만들어 단다

원단 재단방법

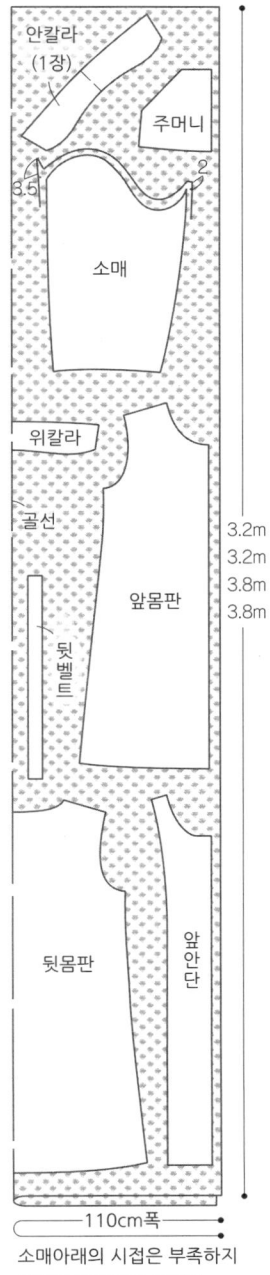

안칼라
(1장)

주머니

3.5

2

소매

위칼라

골선

앞몸판

뒷벨트

3.2m
3.2m
3.8m
3.8m

뒷몸판

앞안단

110cm폭

소매아래의 시접은 부족하지
않도록 넉넉하게 줍니다

원단 재단방법

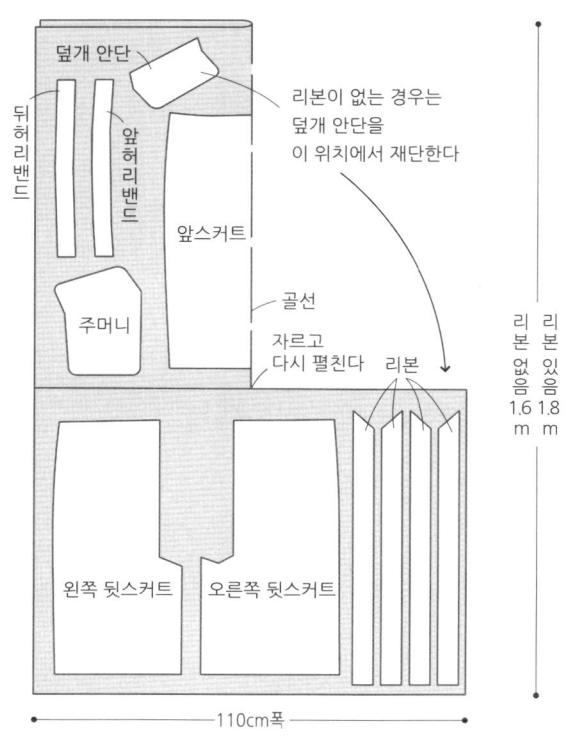

- 덮개 안단
- 뒤허리밴드
- 앞허리밴드
- 앞스커트
- 주머니
- 골선
- 자르고 다시 펼친다
- 리본이 없는 경우는 덮개 안단을 이 위치에서 재단한다
- 리본
- 왼쪽 뒷스커트
- 오른쪽 뒷스커트
- 리본 없음 1.6m
- 리본 있음 1.8m
- 110cm폭

P.30·31 **블랙 리넨 세미타이트 스커트**

[재료]
겉감(무지 리넨)110cm폭 1.8m
소잉심지 110cm폭 60cm
고무줄 4cm폭 40cm

[완성 사이즈 (성인 M사이즈)]
허리둘레 약 70cm(허리고무줄로 조절)
엉덩이둘레 98cm
전체길이 71cm

[실물크기 패턴] B면

린넨 훗고

P.32·33 **장미 무늬 리넨 세미타이트 스커트**

[재료]
겉감(프린트 리넨)110cm폭 1.6m
소잉심지 110cm폭 60cm
고무줄 4cm폭 40cm

[완성 사이즈 (성인 M사이즈)]
허리둘레 약 70cm(허리고무줄로 조절)
엉덩이둘레 98cm
전체길이 71cm

[실물크기 패턴] B면

2. 옆을 봉합한다

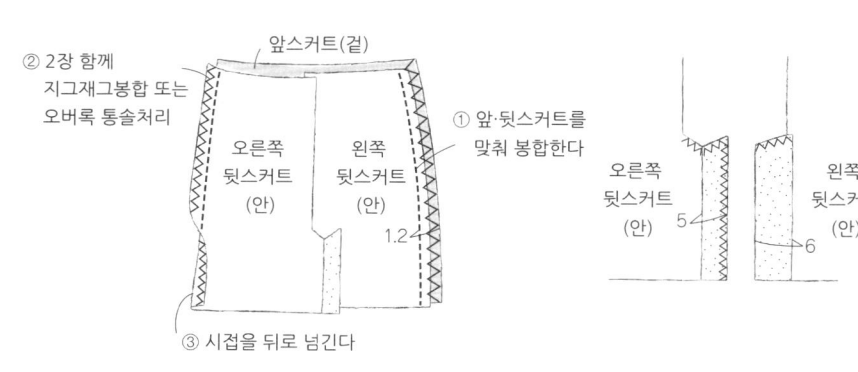

② 2장 함께 지그재그봉합 또는 오버록 통솔처리

앞스커트(겉)

① 앞·뒷스커트를 맞춰 봉합한다

오른쪽 뒷스커트 (안)

왼쪽 뒷스커트 (안)

1.2

③ 시접을 뒤로 넘긴다

오른쪽 뒷스커트 (안) 5

왼쪽 뒷스커트 (안) 6

1. 봉합 전 준비

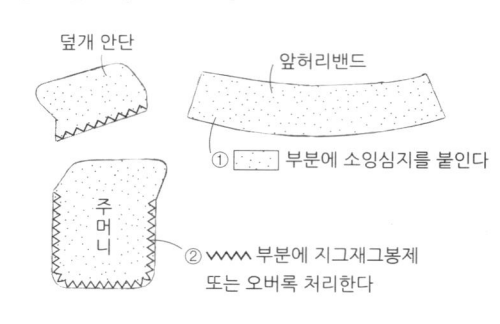

덮개 안단

앞허리밴드

① ▨ 부분에 소잉심지를 붙인다

주머니

② ⋁⋁⋀ 부분에 지그재그봉제 또는 오버록 처리한다

3. 주머니를 만든다

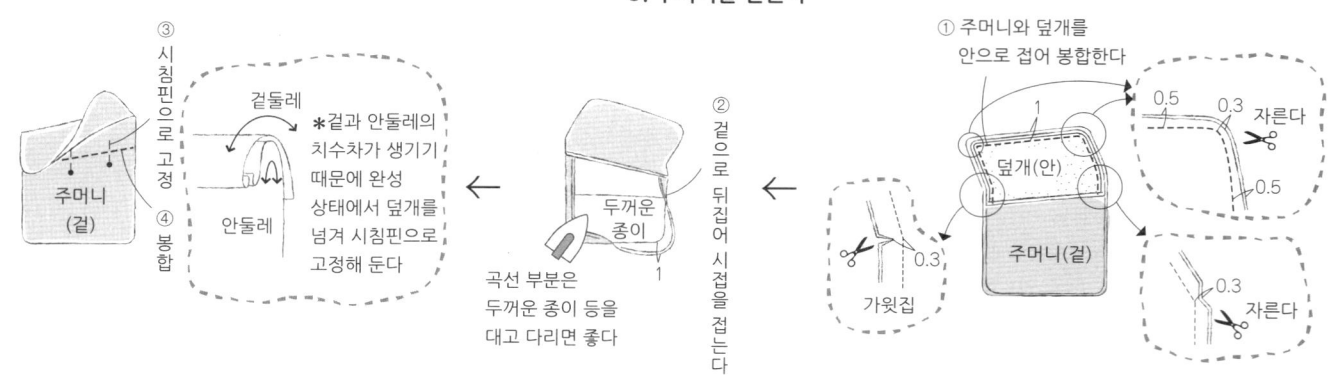

③ 시침핀으로 고정
④ 봉합

주머니 (겉)

겉둘레

안둘레

＊겉과 안둘레의 치수차가 생기기 때문에 완성 상태에서 덮개를 넘겨 시침핀으로 고정해 둔다

② 겉으로 뒤집어 시접을 접는다

두꺼운 종이

곡선 부분은 두꺼운 종이 등을 대고 다리면 좋다

① 주머니와 덮개를 안으로 접어 봉합한다

덮개(안)

주머니(겉)

0.5 0.3 자른다

0.5

0.3 자른다

가윗집 0.3

100

5. 벤트(뒤트임)를 봉합한다

④ 지그재그봉합 또는 오버록 통솔처리하고, 왼쪽 뒷스커트 쪽으로 시접을 넘긴다

③ 봉합 끝점까지 봉합한다

오른쪽 뒷스커트 (안) 1.2
왼쪽 뒷스커트 (안)

오른쪽 뒷스커트 (안)
② 접음선에서 접음
왼쪽 뒷스커트 (안)
① 1cm 접음

⑨ 벤트를 마무리하고 정리한다
⑩ 봉합 끝점부터 이어서 봉합

오른쪽 뒷스커트 (안)
왼쪽 뒷스커트 (안)

⑪ 밑단을 봉합한다

⑦ 안단을 안으로 뒤집어 다리미로 정리한다

오른쪽 뒷스커트 (겉)

⑧ 왼쪽 뒷스커트를 젖혀 봉합 끝점부터 밑단까지 상침한다

왼쪽 뒷스커트 (겉)
오른쪽 뒷스커트 (겉)
1
2

⑥ 밑단을 두 번 접어 다리미로 다려둔다

왼쪽 뒷스커트 (겉)
접음선
오른쪽 뒷스커트 (겉)
1

⑤ 벤트의 안단을 겉쪽에서 접어 봉합한다

1cm남기고 자른다

4. 주머니를 단다

옆선

0.3
보강을 위해 삼각형으로 봉합

앞(겉)
뒤(겉)

주머니다는 위치에 놓고 고정 봉합한다

7. 허리밴드를 단다

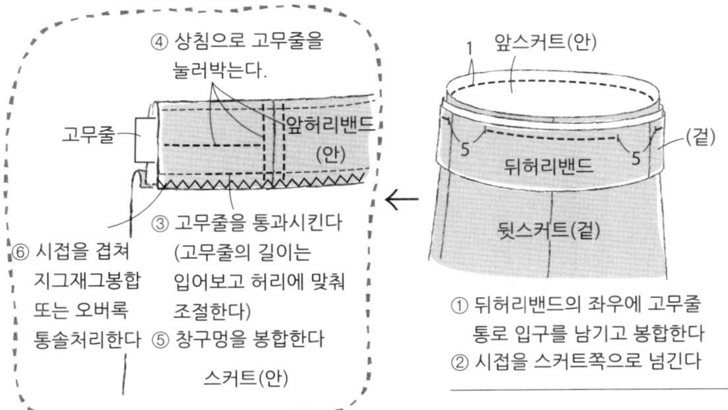

④ 상침으로 고무줄을 눌러박는다.

고무줄
앞허리밴드 (안)

⑥ 시접을 겹쳐 지그재그봉합 또는 오버록 통솔처리한다

③ 고무줄을 통과시킨다 (고무줄의 길이는 입어보고 허리에 맞춰 조절한다)
⑤ 창구멍을 봉합한다

1
앞스커트(안)

(겉)
5
뒤허리밴드
5

뒷스커트(겉)

① 뒤허리밴드의 좌우에 고무줄 통로 입구를 남기고 봉합한다
② 시접을 스커트쪽으로 넘긴다

스커트(안)

6. 허리밴드를 만든다

④ 겉으로 뒤집어 상침한다
0.5
(겉)

② 2장 겹쳐서 봉합
1
(안)
(안)
0.5
(겉)

③ 안쪽에 오는 천의 시접을 자른다

① 앞·뒤 허리밴드를 맞춰 봉합하고 시접을 가른다

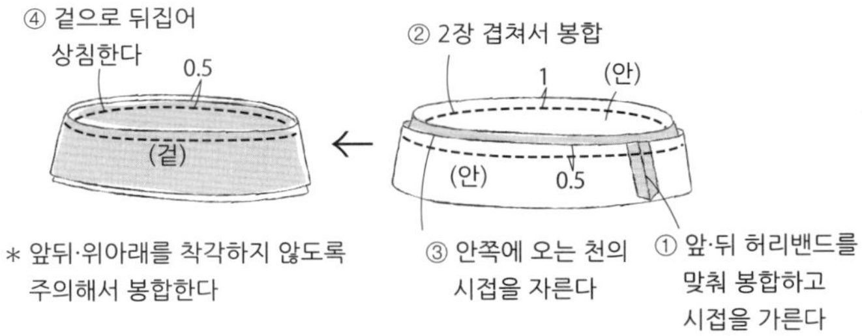

* 앞뒤·위아래를 착각하지 않도록 주의해서 봉합한다

8. 리본을 단다 (블랙 리넨만)

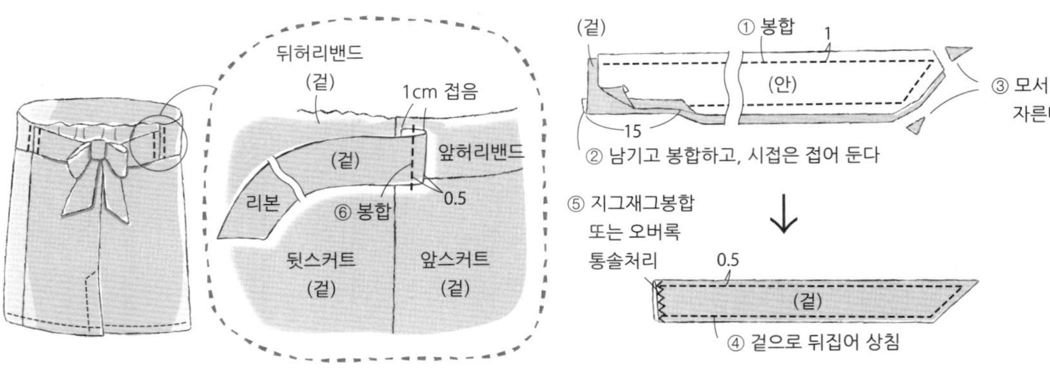

뒤허리밴드 (겉)
1cm 접음

(겉)
리본
⑥ 봉합
앞허리밴드
0.5

뒷스커트 (겉)
앞스커트 (겉)

(겉)
① 봉합
1
(안)
③ 모서리를 자른다

15
② 남기고 봉합하고, 시접은 접어 둔다

⑤ 지그재그봉합 또는 오버록 통솔처리
0.5
(겉)
④ 겉으로 뒤집어 상침

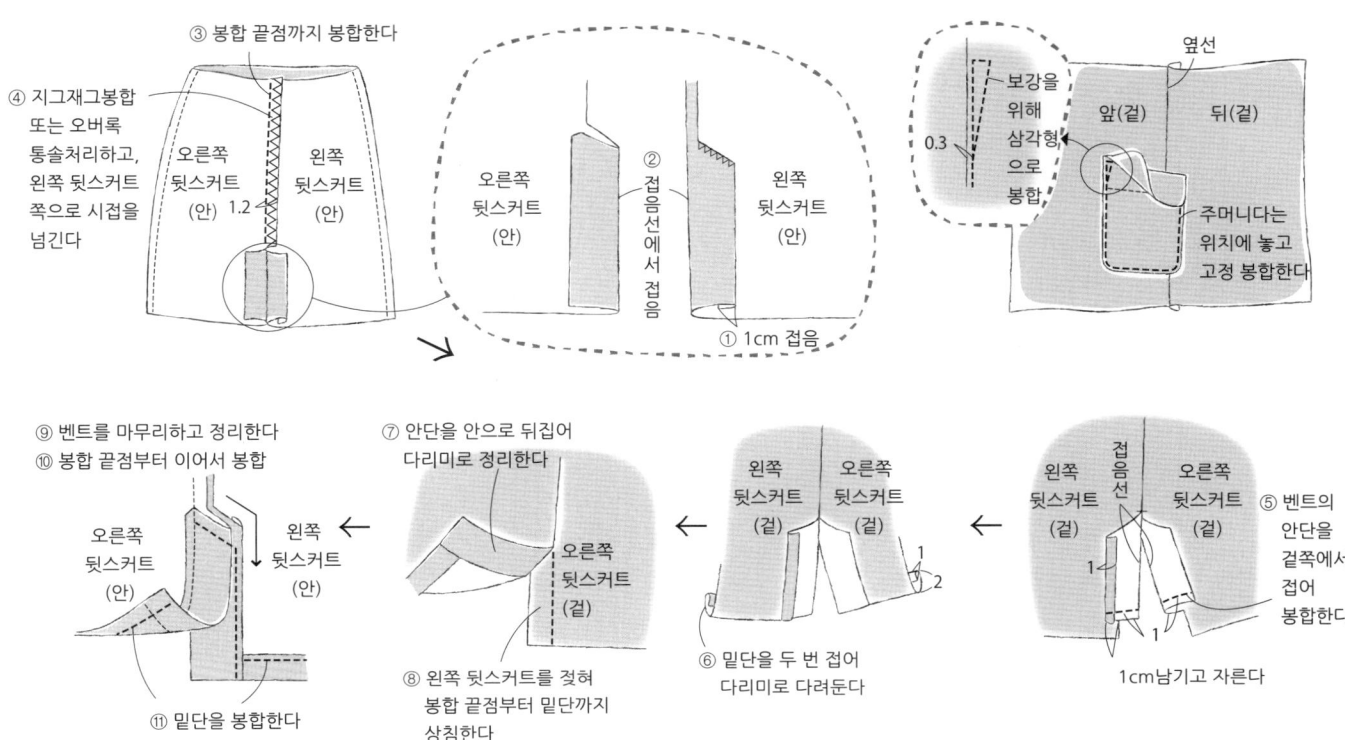

원단 재단방법

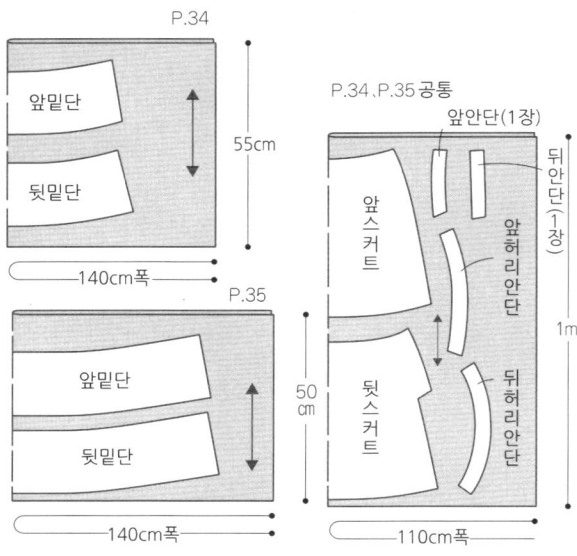

P.34
앞밑단
뒷밑단
55cm
140cm폭

P.35
앞밑단
뒷밑단
50cm
140cm폭

P.34、P.35 공통
앞안단(1장)
앞스커트
앞허리안단
뒤안단(1장)
뒷스커트
뒤허리안단
1m
110cm폭

P.34 리넨 A라인 스커트

[재료]
겉감(무지 리넨) 110cm폭 1m
배색천(무지 리넨) 110cm폭 55cm
바이어스테이프 3cm폭 1.2m
소잉심지 110cm폭 50cm
단추 12mm 5개

[완성 사이즈 (성인 M사이즈)]
엉덩이둘레 95.5cm 전체길이 59.5cm

[실물크기 패턴] C면

코튼린넨 코카

P.35 실크 A라인 스커트

[재료]
겉감(무지 실크) 110cm폭 1m
배색천(무지 코튼 오간자) 140cm폭 50cm
바이어스테이프 3cm폭 3.6m
소잉심지 110cm폭 50cm
단추 10mm 5개

[완성 사이즈 (성인 M사이즈)]
엉덩이둘레 95.5cm 전체길이 59.5cm

[실물크기 패턴] C면

1. 봉합 전 준비

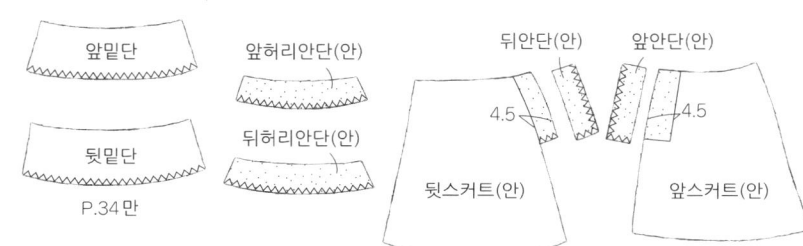

⬚ 부분에 소잉심지를 붙이고, ∧∧∧ 부분에 지그재그봉제 또는 오버록 처리한다

앞밑단

앞허리안단(안)

뒷밑단

뒤허리안단(안)

P.34 만

뒤안단(안)   앞안단(안)
4.5   4.5
뒷스커트(안)   앞스커트(안)

2. 옆 트임을 만든다

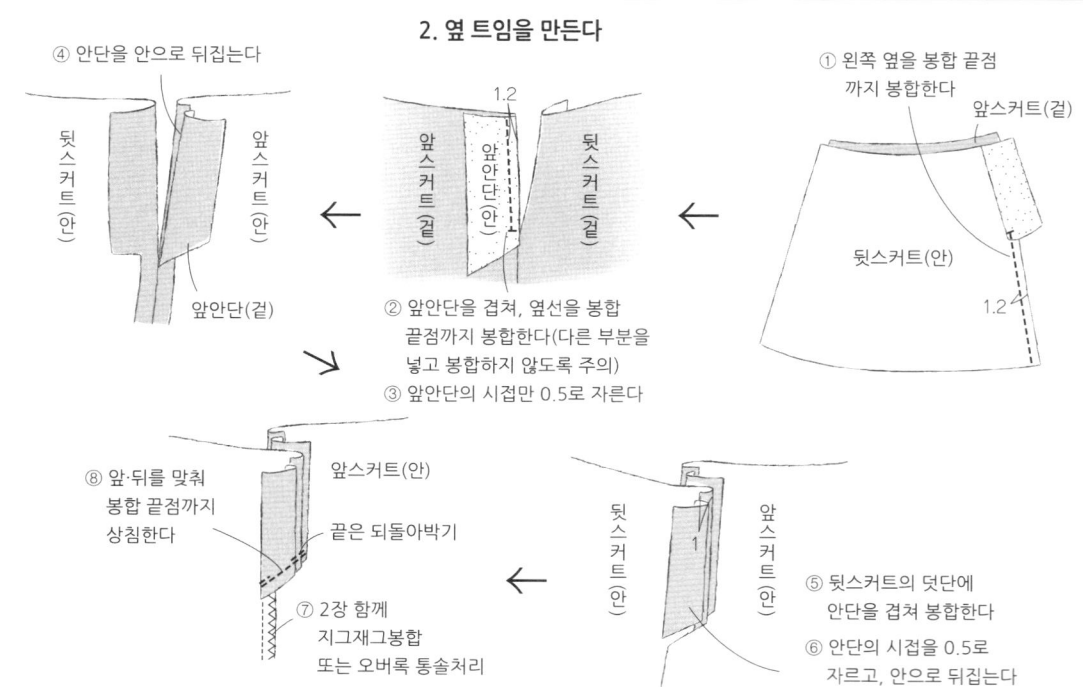

① 왼쪽 옆을 봉합 끝점까지 봉합한다
앞스커트(겉)
뒷스커트(안)
1.2

④ 안단을 안으로 뒤집는다
뒷스커트(안) 앞스커트(안)
앞안단(겉)

1.2
뒷스커트(겉) 앞안단(안) 앞스커트(겉)

② 앞안단을 겹쳐, 옆선을 봉합 끝점까지 봉합한다(다른 부분을 넣고 봉합하지 않도록 주의)
③ 앞안단의 시접만 0.5로 자른다

⑧ 앞·뒤를 맞춰 봉합 끝점까지 상침한다
앞스커트(안)
끝은 되돌아박기
⑦ 2장 함께 지그재그봉합 또는 오버록 통솔처리

뒷스커트(안) 앞스커트(안)
1

⑤ 뒷스커트의 덧단에 안단을 겹쳐 봉합한다
⑥ 안단의 시접을 0.5로 자르고, 안으로 뒤집는다

102

3. 허리를 봉합한다

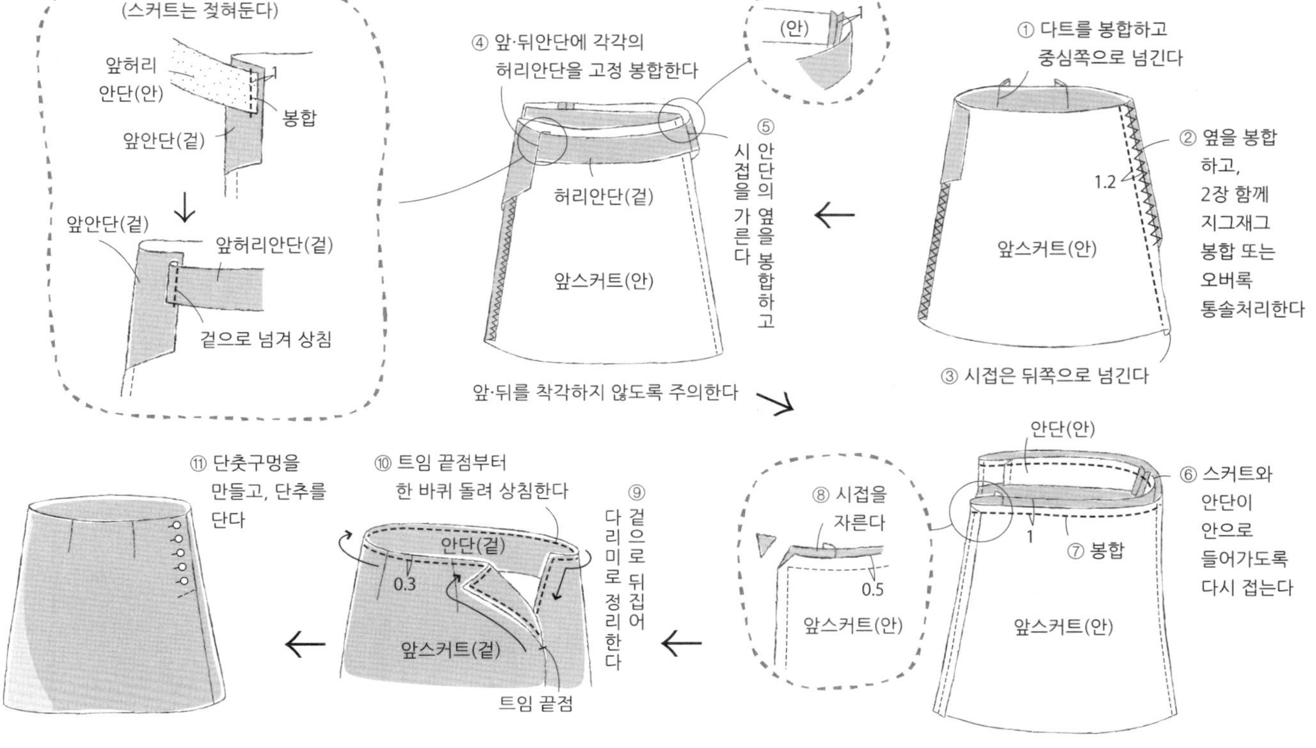

안단끼리 봉합
(스커트는 젖혀둔다)

앞허리
안단(안)

봉합

앞안단(겉)

앞안단(겉)   앞허리안단(겉)

겉으로 넘겨 상침

④ 앞·뒤안단에 각각의 허리안단을 고정 봉합한다

(안)

⑤ 안단의 옆을 봉합하고 시접을 가른다

허리안단(겉)

앞스커트(안)

앞·뒤를 착각하지 않도록 주의한다

① 다트를 봉합하고 중심쪽으로 넘긴다

② 옆을 봉합하고, 2장 함께 지그재그 봉합 또는 오버록 통솔처리한다

1.2

앞스커트(안)

③ 시접은 뒤쪽으로 넘긴다

⑪ 단춧구멍을 만들고, 단추를 단다

⑩ 트임 끝점부터 한 바퀴 돌려 상침한다

안단(겉)

0.3

앞스커트(겉)

트임 끝점

⑨ 겉으로 뒤집어 다리미로 정리한다

⑧ 시접을 자른다

0.5

앞스커트(안)

안단(안)

1

⑦ 봉합

⑥ 스커트와 안단이 안으로 들어가도록 다시 접는다

앞스커트(안)

4. 밑단을 만든다

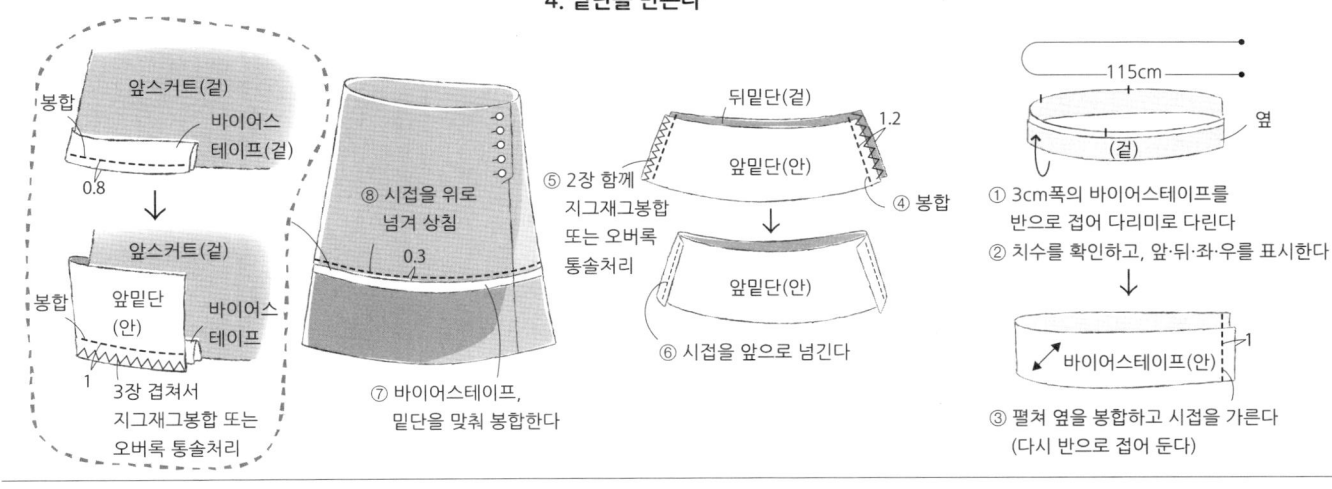

봉합

앞스커트(겉)

바이어스테이프(겉)

0.8

앞스커트(겉)

봉합   앞밑단(안)   바이어스테이프

1

3장 겹쳐서 지그재그봉합 또는 오버록 통솔처리

⑧ 시접을 위로 넘겨 상침

0.3

⑦ 바이어스테이프, 밑단을 맞춰 봉합한다

뒤밑단(겉)

1.2

앞밑단(안)

④ 봉합

⑤ 2장 함께 지그재그봉합 또는 오버록 통솔처리

앞밑단(안)

⑥ 시접을 앞으로 넘긴다

115cm

옆

(겉)

① 3cm폭의 바이어스테이프를 반으로 접어 다리미로 다린다

② 치수를 확인하고, 앞·뒤·좌·우를 표시한다

바이어스테이프(안)

1

③ 펼쳐 옆을 봉합하고 시접을 가른다
(다시 반으로 접어 둔다)

P.35의 밑단

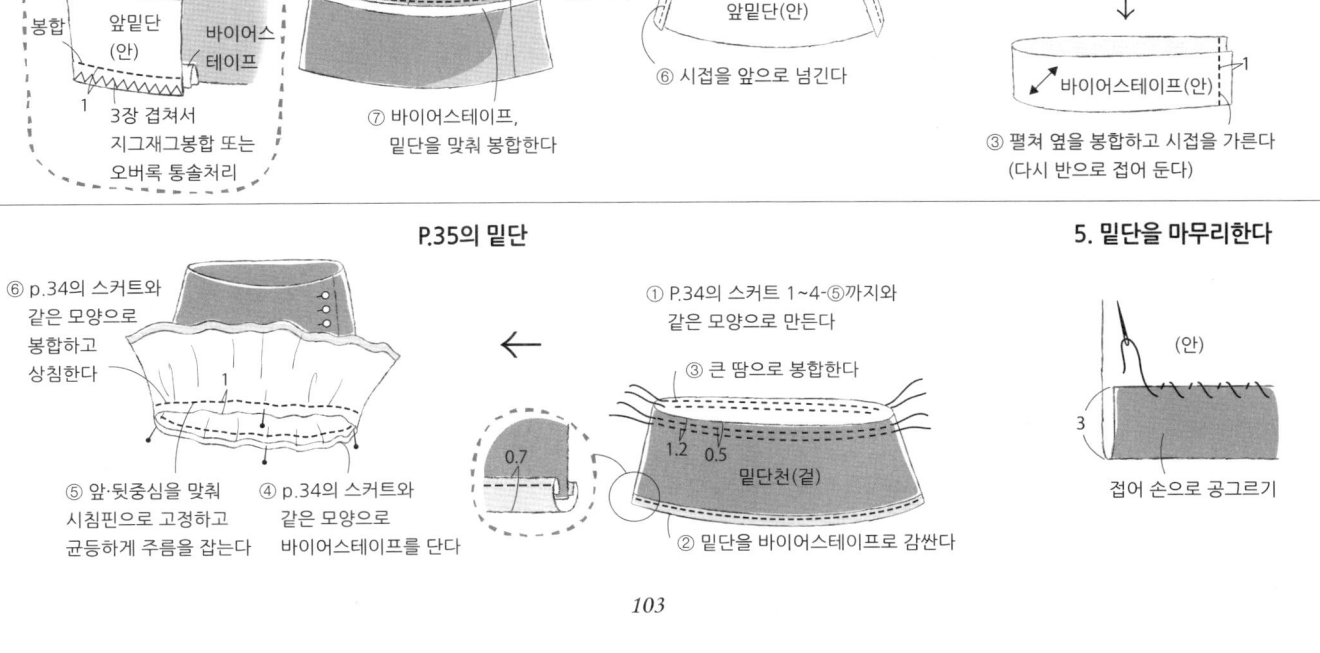

⑥ p.34의 스커트와 같은 모양으로 봉합하고 상침한다

1

⑤ 앞·뒷중심을 맞춰 시침핀으로 고정하고 균등하게 주름을 잡는다

④ p.34의 스커트와 같은 모양으로 바이어스테이프를 단다

① P.34의 스커트 1~4-⑤까지와 같은 모양으로 만든다

③ 큰 땀으로 봉합한다

0.7

1.2   0.5

밑단천(겉)

② 밑단을 바이어스테이프로 감싼다

5. 밑단을 마무리한다

(안)

3

접어 손으로 공그르기

2. 어깨선·옆선을 봉합한다

- 뒷몸판(겉)
- ② 봉합
- 앞몸판(안)
- 1.5
- ③ 가름솔 한다
- 앞안단(겉)
- 앞안단(겉)
- 앞몸판(겉)
- ④ 벨트고리를 남기고 봉합한다

① 어깨와 옆을 지그재그 봉제 또는 오버록 처리한다

- 앞
- 뒷몸판

1. 봉합 전 준비

배색천으로 2cm폭의 바이어스테이프를 3.2m 만든다

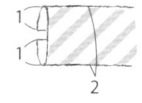

- 1
- 1
- 2

[재료]
겉감(인테리어 원단) 140cm폭 2.1m
배색천(스트라이프 코튼) 110cm폭 80cm

[완성 사이즈 (성인 S사이즈)]
가슴둘레 91cm 소매길이 46cm
옷길이 87.5cm어깨폭 36cm

[실물크기 패턴] D면

원단 재단방법

- 뒷몸판
- 주머니 A
- 골선
- 소매
- 골선
- 주머니B
- 앞몸판(앞안단)
- 앞몸판(앞안단)
- 2.1m
- 140cm폭

3. 주머니를 만든다

④ 몸판에 촘촘하게 공그르기로 단다

(겉)

끝은 접어끼운다

② 바이어스 테이프로 감싼다

(겉)

① 반으로 접음

(겉)

4. 안단을 단다

⑤ 곡선에 가윗집을 넣고, 겉으로 뒤집는다

- 뒤안단(안)
- 0.7
- 뒷몸판(겉)
- 앞몸판(안)
- ③ 앞중심을 다시 접는다

④ 목둘레를 봉합하고, 시접을 0.7로 자른다

- 뒷몸판(겉)
- 1.5
- (안)
- 뒤안단(안)
- 어깨·옆선을 맞춘다
- 앞안단(겉)
- 앞안단(겉)

- 뒤안단(겉)
- ② 어깨를 봉합
- ① 두 번 접어 봉합
- 0.5

7. 벨트를 만든다

① 배색천을 130x9cm로 자른다

- 가장자리 (안)
- 1
- ② 접음
- 4
- 0.5
- (겉)
- 1
- ③ 접어 봉합한다
- 가장자리

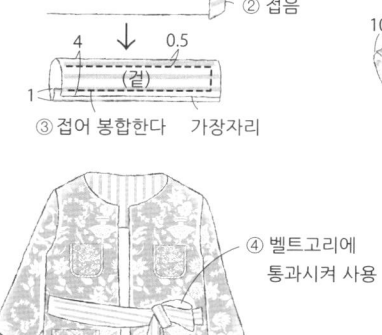

④ 벨트고리에 통과시켜 사용

6. 소매를 단다

- 10
- 소매(안)
- ③ 접어 공그르기
- 뒷몸판(겉)
- 소매겉
- 앞안단(겉)

- ① 소매를 쌈솔처리한다 (소잉NOTE P.18 참고)
- 소매(안)
- ② 소맷부리를 바이어스 테이프로 감싼다
- ④ 소매산, 소매아래, 맞춤점을 맞춰서 봉합한다
- ⑤ 시접은 바이어스테이프로 감싼다 (소맷부리, 밑단과 같은 모양)

5. 밑단·안단을 마무리한다

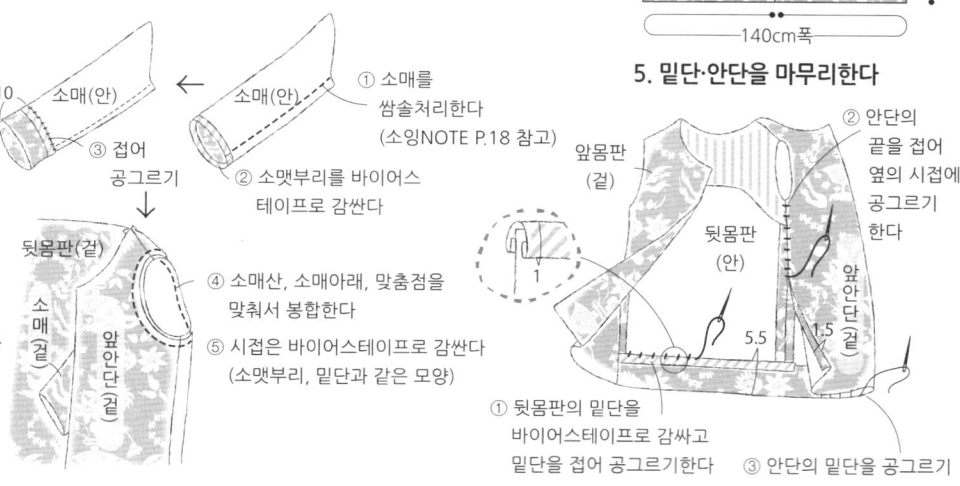

- 앞몸판(겉)
- ② 안단의 끝을 접어 옆의 시접에 공그르기 한다
- 1
- 뒷몸판(안)
- 앞안단(겉)
- 5.5
- 1.5
- ① 뒷몸판의 밑단을 바이어스테이프로 감싸고 밑단을 접어 공그르기한다
- ③ 안단의 밑단을 공그르기

1. 봉합 전 준비

※
배색천이
얇은 경우는
칼라·각 안단 안에
소잉심지를
붙여둔다

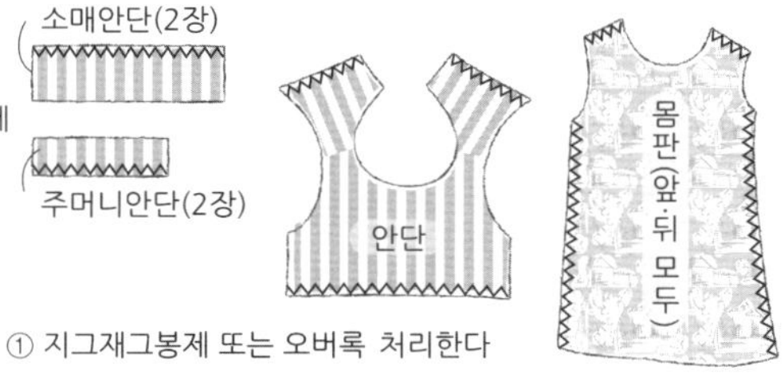

소매안단(2장)

주머니안단(2장)

안단

몸판(앞·뒤 모두)

① 지그재그봉제 또는 오버록 처리한다

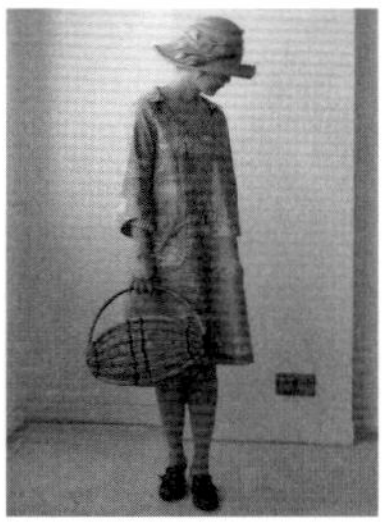

[재료]
겉감(플랫 시트·싱글) 150cm폭 230cm 1장
배색천(스트라이프 코튼) 110cm폭 70cm

[완성 사이즈 (성인 S사이즈)]
가슴둘레 91cm 소매길이 46cm
옷길이 92cm 어깨폭 36cm

[실물크기 패턴] D면

2. 칼라와 주머니를 만든다

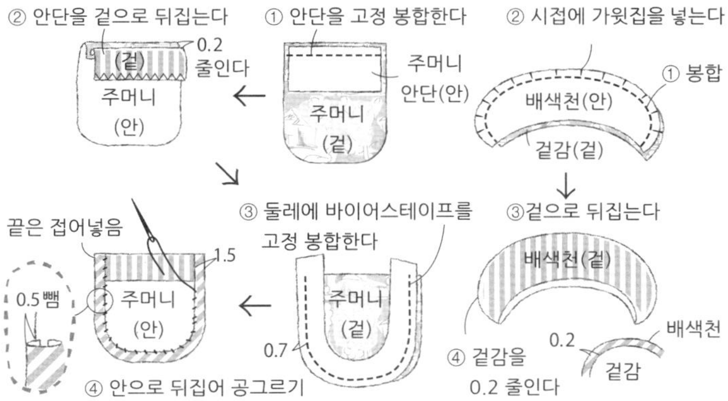

주머니

② 안단을 겉으로 뒤집는다
0.2 줄인다
(겉)
주머니
(안)

① 안단을 고정 봉합한다
주머니
안단(안)
주머니
(겉)

③ 둘레에 바이어스테이프를 고정 봉합한다
1.5
주머니
(겉)
0.7

끝은 접어넣음
0.5 뺌
① 주머니
(안)

④ 안으로 뒤집어 공그르기

칼라

② 시접에 가윗집을 넣는다
① 봉합
배색천(안)
겉감(겉)

③ 겉으로 뒤집는다
배색천(겉)

④ 겉감을
0.2 줄인다
0.2
배색천
겉감

원단 재단방법

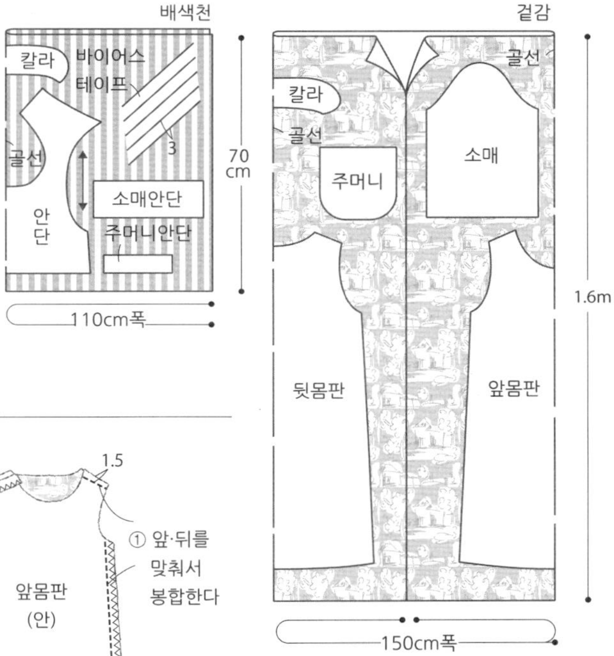

배색천
칼라 | 바이어스테이프 3
골선 | 소매안단
안단 | 주머니안단
70cm
110cm폭

겉감
골선
칼라
골선
주머니 | 소매
뒷몸판 | 앞몸판
1.6m
150cm폭

3. 몸판을 만든다

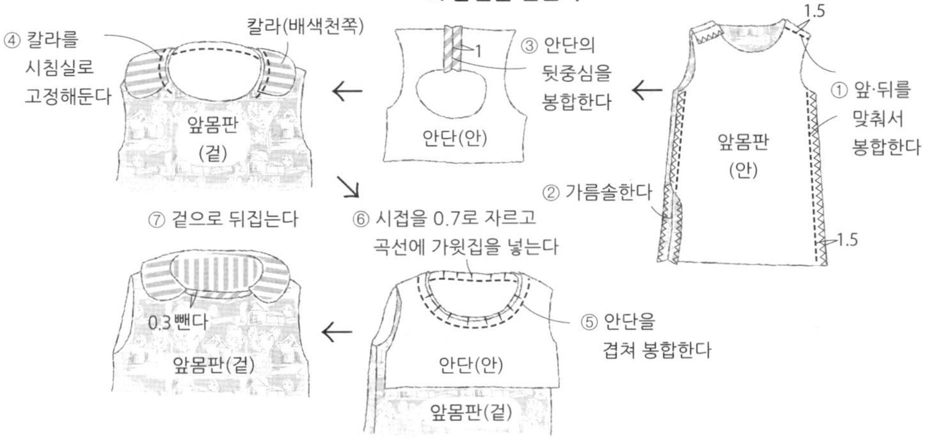

④ 칼라를 시침실로 고정해둔다
칼라(배색천쪽)
앞몸판(겉)

③ 안단의 뒷중심을 봉합한다
1
안단(안)

① 앞·뒤를 맞춰서 봉합한다
1.5
② 가름솔한다
앞몸판(안)
1.5

⑦ 겉으로 뒤집는다
0.3 뺀다
앞몸판(겉)

⑥ 시접을 0.7로 자르고 곡선에 가윗집을 넣는다
⑤ 안단을 겹쳐 봉합한다
안단(안)
앞몸판(겉)

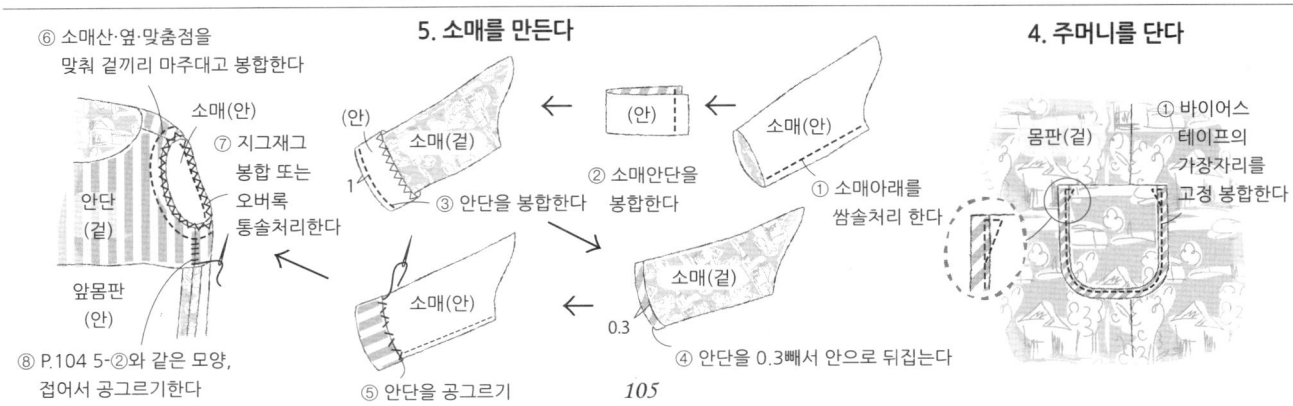

5. 소매를 만든다

⑥ 소매산·옆·맞춤점을 맞춰 겉끼리 마주대고 봉합한다
소매(안)
⑦ 지그재그 봉합 또는 오버록 통솔처리한다
안단(겉)
앞몸판(안)
⑧ P.104 5-②와 같은 모양, 접어서 공그르기한다

(안)
소매(겉)
1
③ 안단을 봉합한다

(안)
② 소매안단을 봉합한다

소매(안)
① 소매아래를 쌈솔처리 한다

소매(겉)
0.3
소매(안)
④ 안단을 0.3빼서 안으로 뒤집는다
⑤ 안단을 공그르기

4. 주머니를 단다

몸판(겉)
① 바이어스 테이프의 가장자리를 고정 봉합한다

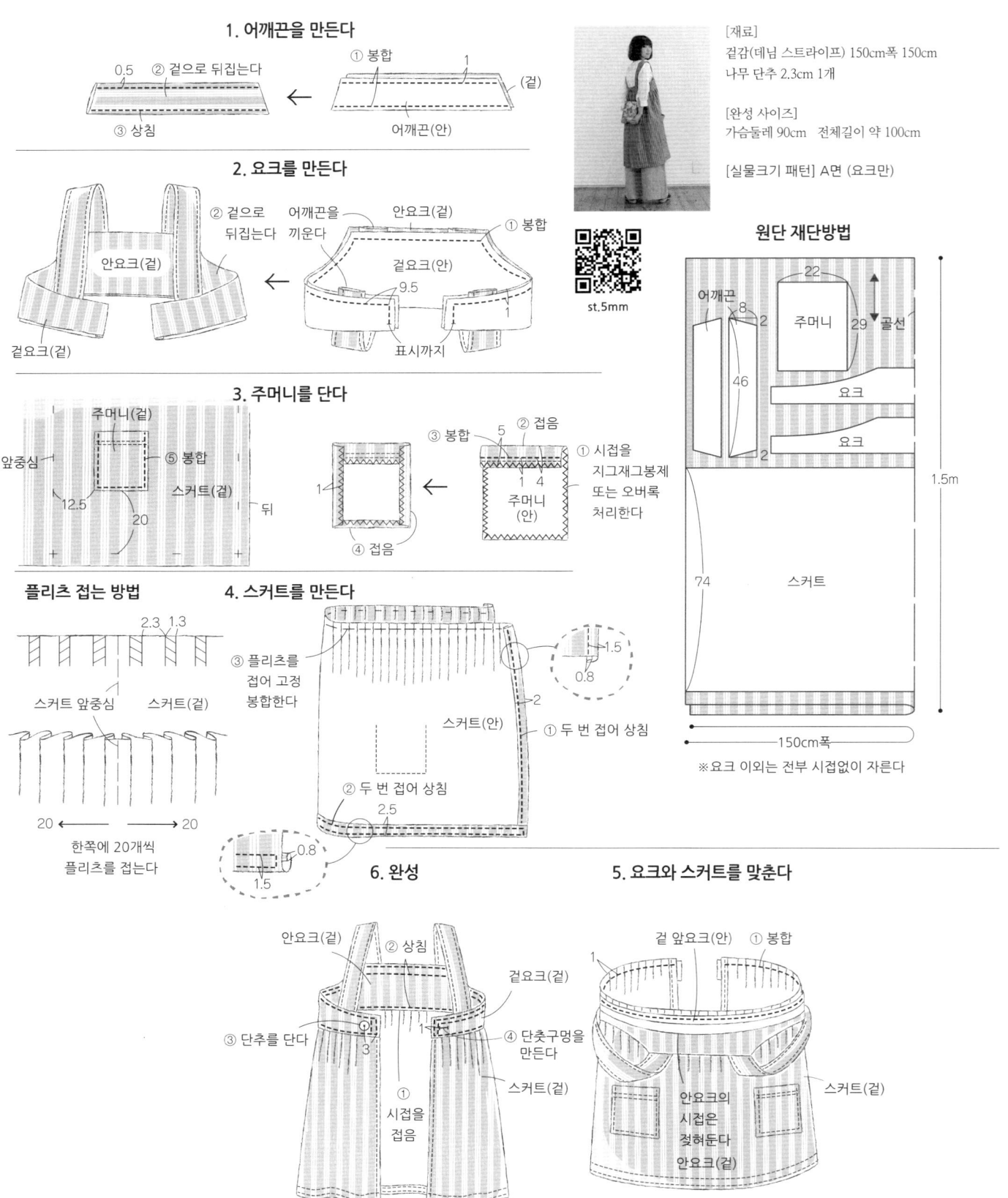

1. 어깨끈을 만든다

0.5
② 겉으로 뒤집는다
③ 상침
① 봉합
1
(겉)
어깨끈(안)

2. 요크를 만든다

안요크(겉)
② 겉으로 뒤집는다
어깨끈을 끼운다
안요크(겉)
① 봉합
겉요크(안)
9.5
겉요크(겉)
표시까지

[재료]
겉감(데님 스트라이프) 150cm폭 150cm
나무 단추 2.3cm 1개

[완성 사이즈]
가슴둘레 90cm 전체길이 약 100cm

[실물크기 패턴] A면 (요크만)

st.5mm

원단 재단방법

어깨끈
22
8
2
주머니
29 골선
46
요크
요크
2
1.5m
스커트
74
150cm폭
※요크 이외는 전부 시접없이 자른다

3. 주머니를 단다

주머니(겉)
앞중심
⑤ 봉합
봉합
스커트(겉)
뒤
12.5
20

5
② 접음
③ 봉합
① 시접을 지그재그봉제 또는 오버록 처리한다
1
1 4
주머니(안)
④ 접음

플리츠 접는 방법

2.3 1.3
스커트 앞중심
스커트(겉)
20 ← → 20
한쪽에 20개씩 플리츠를 접는다

4. 스커트를 만든다

③ 플리츠를 접어 고정 봉합한다
스커트(안)
2
1.5
0.8
① 두 번 접어 상침
② 두 번 접어 상침
2.5
0.8
1.5

6. 완성

안요크(겉)
② 상침
겉요크(겉)
③ 단추를 단다
1
3
④ 단춧구멍을 만든다
① 시접을 접음
스커트(겉)

5. 요크와 스커트를 맞춘다

겉 앞요크(안)
① 봉합
1
안요크의 시접은 젖혀둔다
안요크(겉)
스커트(겉)

106

[재료]
겉감·안감(무지 리넨) 110cm폭 1.8m
배색천(도트무늬 코튼) 50cm폭 20cm
고무줄 0.7cm폭 55cm

[완성 사이즈]
전체길이 약 80cm

[실물크기 패턴] A면

리투아니아

1. 몸판을 만든다

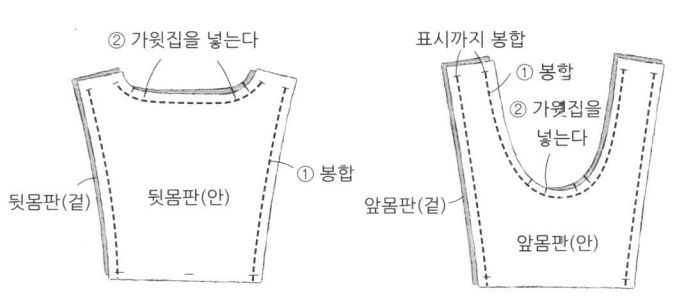

② 가윗집을 넣는다
① 봉합
뒷몸판(겉)
뒷몸판(안)

표시까지 봉합
① 봉합
② 가윗집을 넣는다
앞몸판(겉)
앞몸판(안)

원단 재단방법

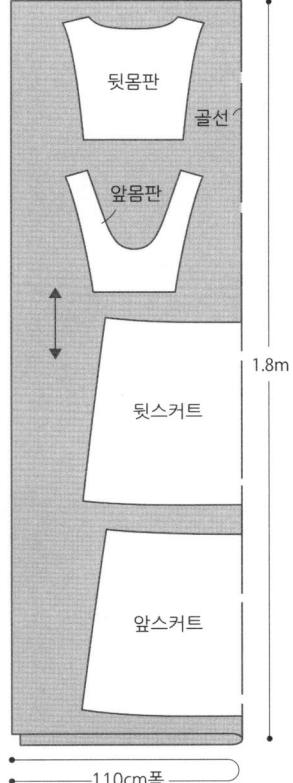

뒷몸판
골선
앞몸판
뒷스커트
앞스커트

1.8m
110cm폭

3. 스커트를 만든다

⑥ 큰 땀으로 봉합한다
0.5 0.2
주름 끝점
스커트(안)

뒷스커트(겉)
앞스커트(안) ① 봉합
② 지그재그봉합 또는 오버록 통솔처리한다
③ 지그재그봉제 또는 오버록 처리한다
0.3
⑤ 봉합 ④ 1.5 접음

2. 어깨선을 봉합한다

안몸판은 젖혀둔다
② 겉몸판만 봉합한다
③ 시접을 안으로 접어 넣고 공그르기 한다
뒷몸판(겉)
안 앞몸판(겉)
① 겉으로 뒤집는다

5. 허리를 마무리한다

안 앞몸판(겉)
안 뒷몸판(겉)
⑤ 봉합
④ 접음
바이어스천(겉)
스커트(안)

35
4
① 배색천을 2장 자른다

⑦ 양끝을 고정 봉합한다
⑥ 고무줄을 통과시킨다(12cm)
⑧ 나머지 고무줄을 자른다

뒷몸판(겉)
② 봉합
앞몸판(겉)
바이어스천(안)
③ 접음
앞스커트(겉)
1

4. 몸판과 스커트를 맞춘다

뒷몸판(겉)
① 주름 끝점과 몸판의 끝을 맞춰 봉합한다
② 시접에 지그재그봉제 또는 오버록 처리한다
안 앞안단(겉)
앞스커트(겉)

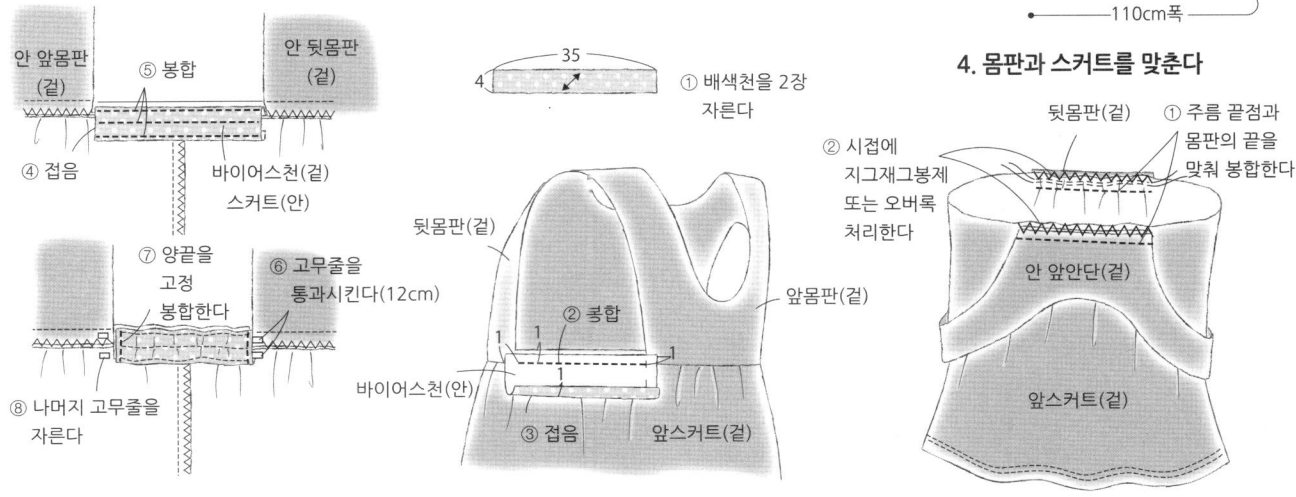

1. 어깨끈·묶는끈을 만든다

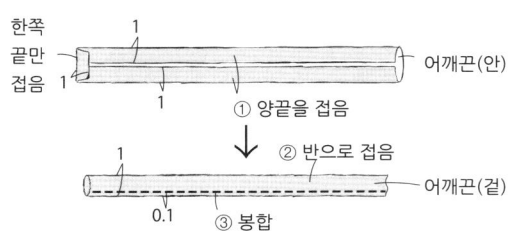

한쪽
끝만
접음

어깨끈(안)

1

1

1

① 양끝을 접음

↓

1

어깨끈(겉)

0.1

② 반으로 접음

③ 봉합

※같은 모양으로 묶는끈 2개를 만든다

2. 가슴덧단을 봉합한다

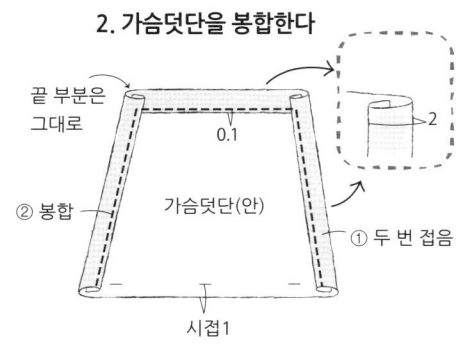

끝 부분은
그대로

0.1

2

② 봉합

가슴덧단(안)

① 두 번 접음

시접1

3. 앞·뒷스커트의 옆선을 봉합한다

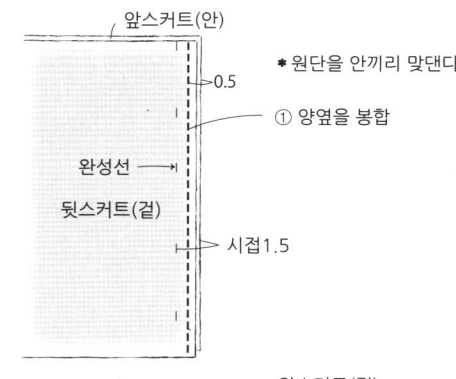

앞스커트(안)

0.5

＊원단을 안끼리 맞댄다

① 양옆을 봉합

완성선 →

뒷스커트(겉)

시접1.5

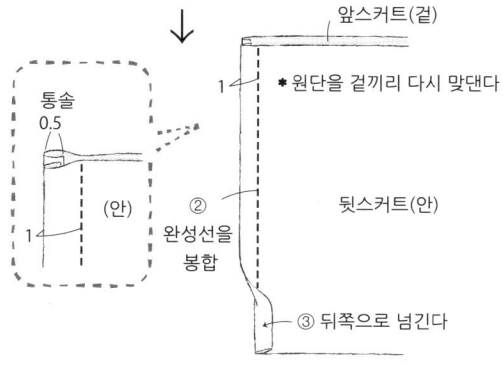

앞스커트(겉)

통솔
0.5

1

＊원단을 겉끼리 다시 맞댄다

(안)

1

② 완성선을 봉합

뒷스커트(안)

③ 뒤쪽으로 넘긴다

P.46·47 **직선재단의 원피스 에이프런**

[재료]
겉감(리넨 거즈) 110cm폭 180cm

[완성 사이즈] 옷길이 약 96cm

Natural 깅검체크

원단 재단방법

※직접 원단에 제도하여 재단 (시접없이 자름)

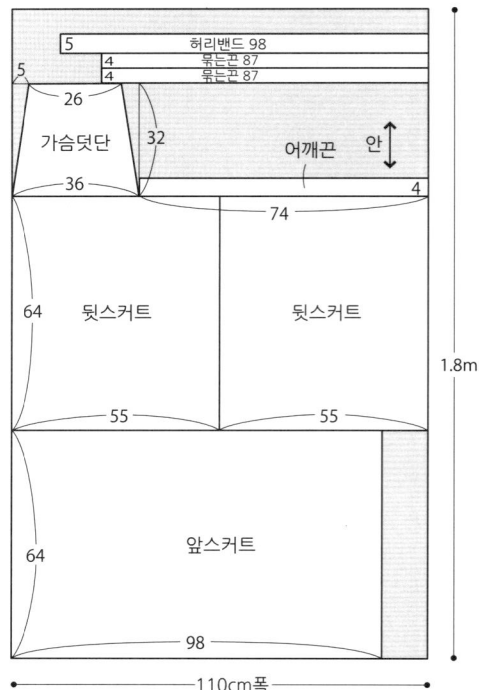

5

허리밴드 98

4

묶는끈 87

4

묶는끈 87

5

26

가슴덧단

32

어깨끈

안

36

4

74

64

뒷스커트

뒷스커트

1.8m

55

55

64

앞스커트

98

110cm폭

5. 허리 주름을 잡는다

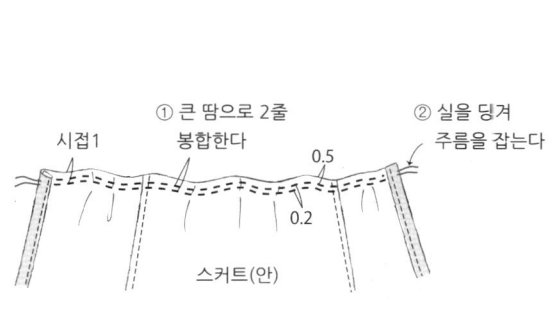

시접1

① 큰 땀으로 2줄 봉합한다

② 실을 딩겨 주름을 잡는다

0.5

0.2

스커트(안)

4. 뒷스커트의 끝·밑단을 봉합한다

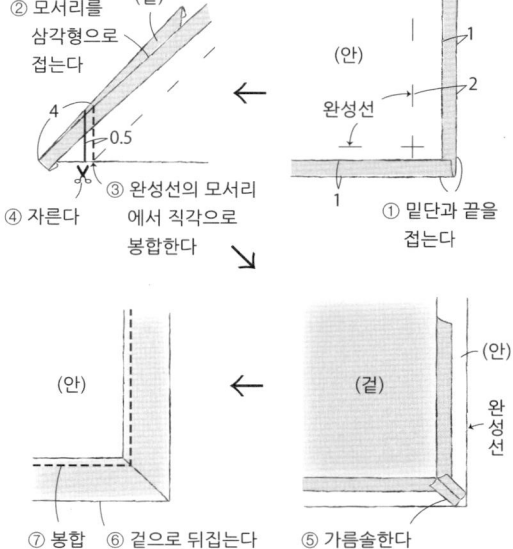

② 모서리를 삼각형으로 접는다

(겉)

4

0.5

③ 완성선의 모서리에서 직각으로 봉합한다

④ 자른다

(안)

완성선

1

1

2

① 밑단과 끝을 접는다

(안)

(겉)

(안)

완성선

⑦ 봉합

⑥ 겉으로 뒤집는다

⑤ 가름솔한다

6. 허리를 봉합한다
(허리밴드·스커트·가슴덧단)

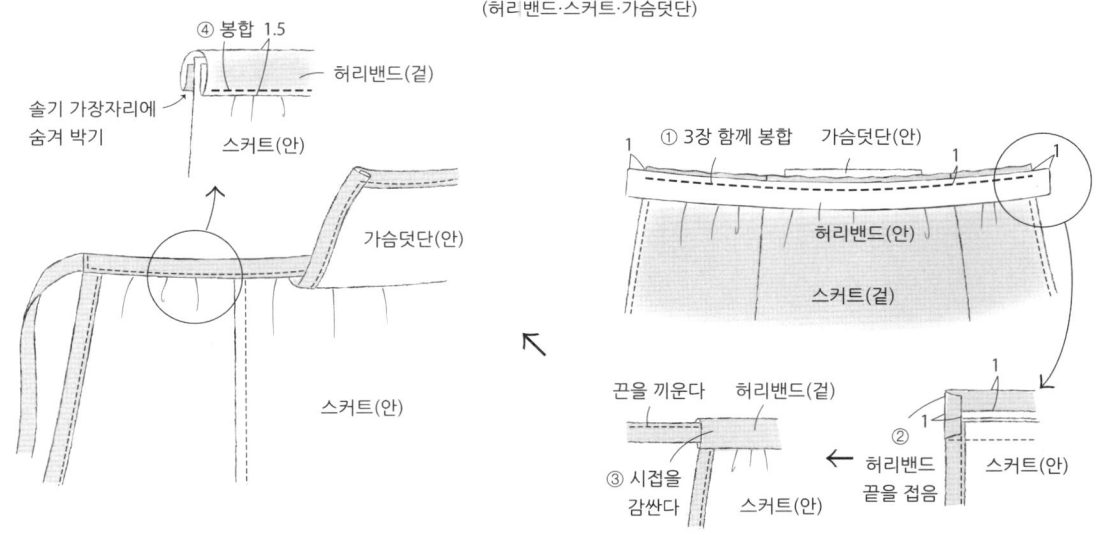

④ 봉합 1.5

허리밴드(겉)

솔기 가장자리에 숨겨 박기

스커트(안)

가슴덧단(안)

스커트(안)

① 3장 함께 봉합

가슴덧단(안)

1

1

1

허리밴드(안)

스커트(겉)

1

1

끈을 끼운다

허리밴드(겉)

③ 시접을 감싼다

스커트(안)

②
허리밴드 끝을 접음

스커트(안)

8. 끈 통로 입구를 만든다

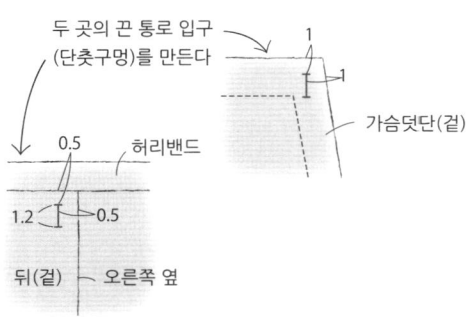

두 곳의 끈 통로 입구 (단춧구멍)를 만든다

1

1

가슴덧단(겉)

0.5

허리밴드

1.2

0.5

뒤(겉)

오른쪽 옆

7. 어깨끈을 단다

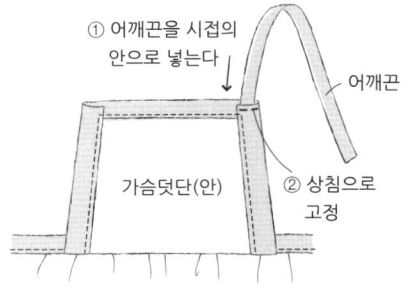

① 어깨끈을 시접의 안으로 넣는다

어깨끈

가슴덧단(안)

② 상침으로 고정

1. 겉감을 재단한다

(어깨끈·요크의 패턴은 들어있지 않습니다.
아래 기재된 치수대로 재단해주세요.
(시접은 포함되어 있습니다.))

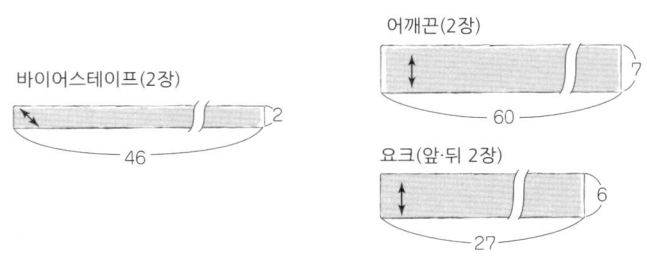

바이어스테이프(2장)

46
2

어깨끈(2장)

60
7

요크(앞·뒤 2장)

27
6

P.48·49 주름 에이프런

[재료(숏 길이)]
겉감(기모 리넨) 140cm폭 1.3m
[재료(롱 길이)]
겉감(무지 리넨) 140cm폭 1.4m

[완성 사이즈]
전체길이 약 80cm(숏)·약 88cm(롱)

[실물크기 패턴] C면

리투아니아

3. 몸판에 요크를 단다

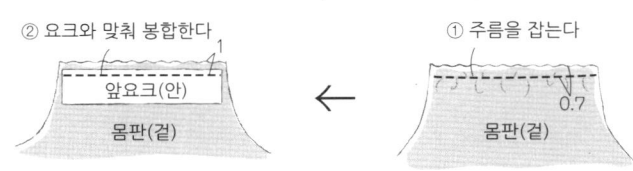

② 요크와 맞춰 봉합한다
1
앞요크(안)
몸판(겉)

① 주름을 잡는다
0.7
몸판(겉)

2. 어깨끈을 봉합한다

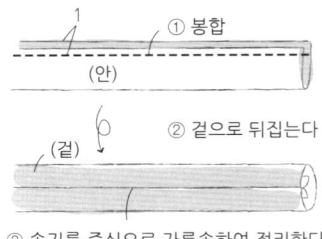

1
① 봉합
(안)

② 겉으로 뒤집는다
(겉)

③ 솔기를 중심으로 가름솔하여 정리한다

5. 곡선을 바이어스 처리한다

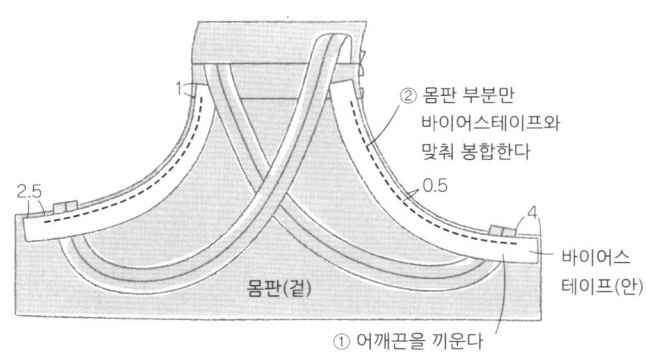

1

2.5

② 몸판 부분만
바이어스테이프와
맞춰 봉합한다

0.5

4

바이어스
테이프(안)

몸판(겉)

① 어깨끈을 끼운다

4. 요크에 어깨끈을 단다

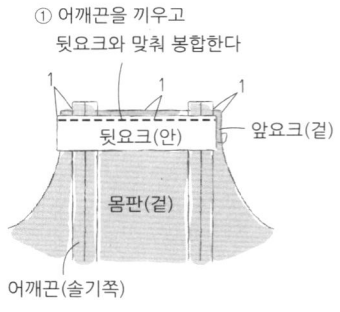

① 어깨끈을 끼우고
뒷요크와 맞춰 봉합한다

1
1

뒷요크(안)
앞요크(겉)

몸판(겉)

어깨끈(솔기쪽)

7. 둘레를 두 번 접어 마무리한다

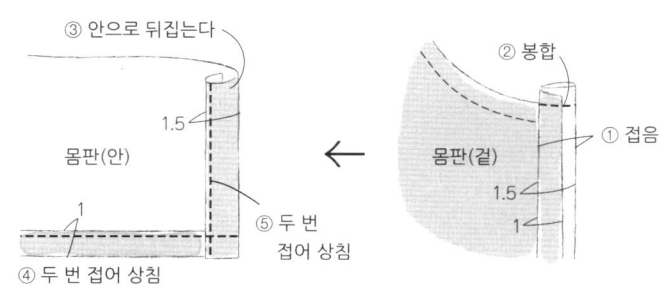

③ 안으로 뒤집는다

1.5

몸판(안)

1

④ 두 번 접어 상침

⑤ 두 번
접어 상침

② 봉합

① 접음

몸판(겉)

1.5

1

6. 요크를 마무리한다

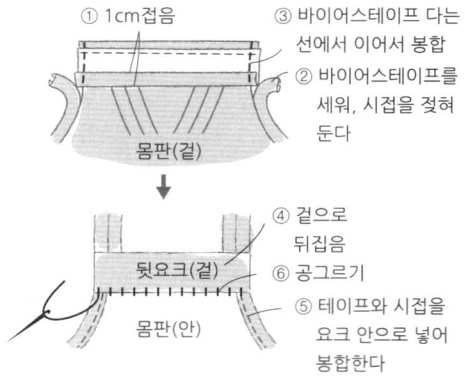

① 1cm접음

③ 바이어스테이프 다는
선에서 이어서 봉합

② 바이어스테이프를
세워, 시접을 젖혀
둔다

몸판(겉)

④ 겉으로
뒤집음

⑥ 공그르기

뒷요크(겉)

⑤ 테이프와 시접을
요크 안으로 넣어
봉합한다

몸판(안)

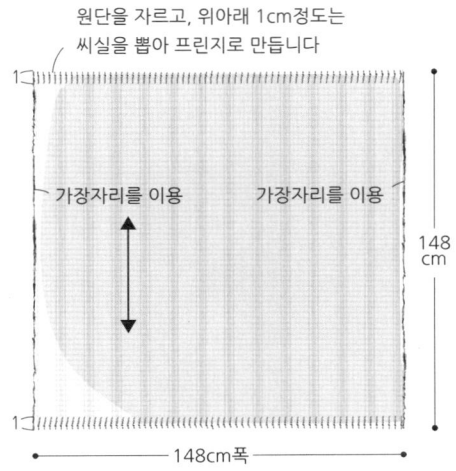

원단을 자르고, 위아래 1cm정도는
씨실을 뽑아 프린지로 만듭니다

1

↑가장자리를 이용   가장자리를 이용↑

148
cm

1

148cm폭

P.50 간단하게 재단해서 만드는 캐시미어 스톨

[재료]
캐시미어 스트라이프 148cm폭 148cm

[완성 사이즈] 148×148cm

P.51 간단하게 봉합해서 만드는 아사 스톨

1. 원단을 자른다

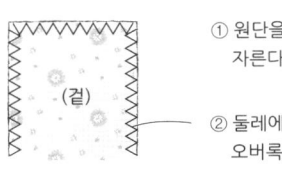

(겉)

① 원단을 8cm x 100cm로
자른다

② 둘레에 지그재그봉제 또는
오버록 처리한다

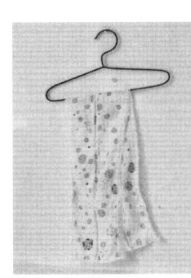

[재료]
프린트 80수 아사 20cm폭 1m
코튼 토션레이스 1cm폭 2.5m
2.5cm폭 2m

[완성 사이즈] 20×100cm

2. 레이스를 단다

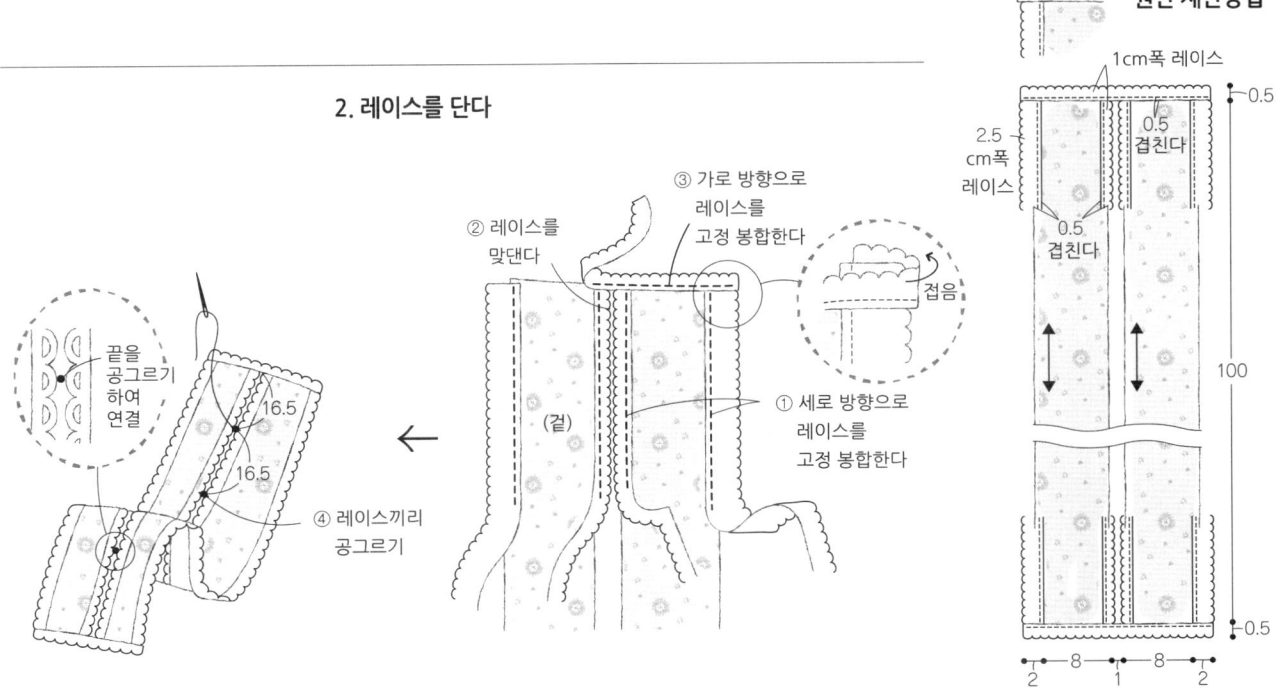

원단 재단방법

1cm폭 레이스

0.5

2.5
cm폭
레이스

0.5
겹친다

0.5
겹친다

100

0.5

8   8

2   1   2

끝을
공그르기
하여
연결

16.5

16.5

④ 레이스끼리
공그르기

② 레이스를
맞댄다

③ 가로 방향으로
레이스를
고정 봉합한다

접음

(겉)

① 세로 방향으로
레이스를
고정 봉합한다

원단 재단방법

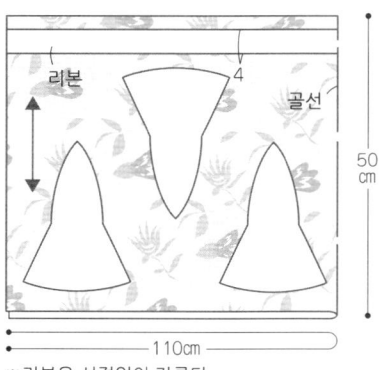

50cm

110cm

※ 리본은 시접없이 자른다

리본

4

골선

[재료]
겉감(무지 리넨) 110cm폭 50cm
안감(프린트 코튼) 110cm폭 50cm
(큰 꽃무늬 등 무늬의 배치가 필요한 경우는 넉넉하게 준비한다)
소잉심지 70cm폭 70cm

[완성 사이즈] 머리둘레 57cm

[실물크기 패턴] B면

린넨 홋고

1. 겉감을 봉합한다

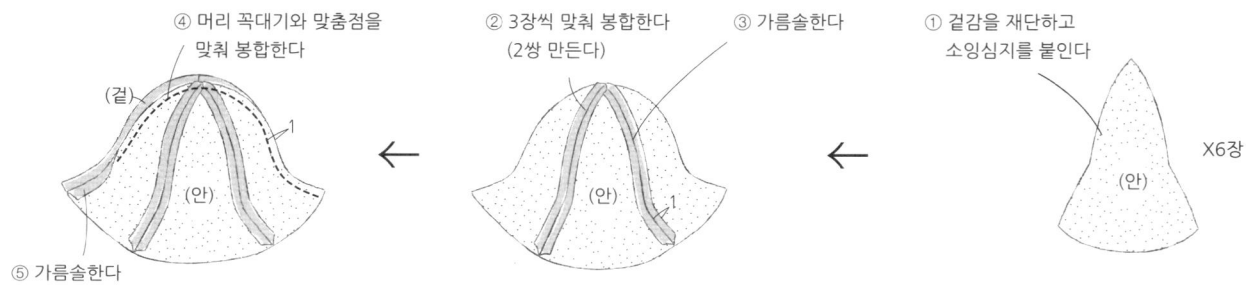

④ 머리 꼭대기와 맞춤점을
맞춰 봉합한다

(겉)

(안)

1

⑤ 가름솔한다

② 3장씩 맞춰 봉합한다
(2쌍 만든다)

③ 가름솔한다

(안)

1

① 겉감을 재단하고
소잉심지를 붙인다

(안)

X6장

---

3. 리본을 만든다

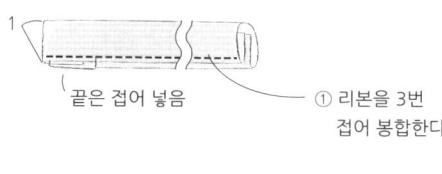

1

끝은 접어 넣음

① 리본을 3번
접어 봉합한다

2. 안감을 봉합한다

② 창구멍을 한 군데 남기고
겉감과 같은 모양으로 봉합한다

(안)

창구멍

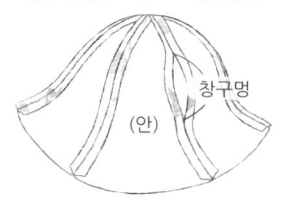

큰 무늬가 있는 원단은
보여주고 싶은 무늬가
브림쪽에 오도록 재단한다

① 안감을
재단한다

---

4. 완성

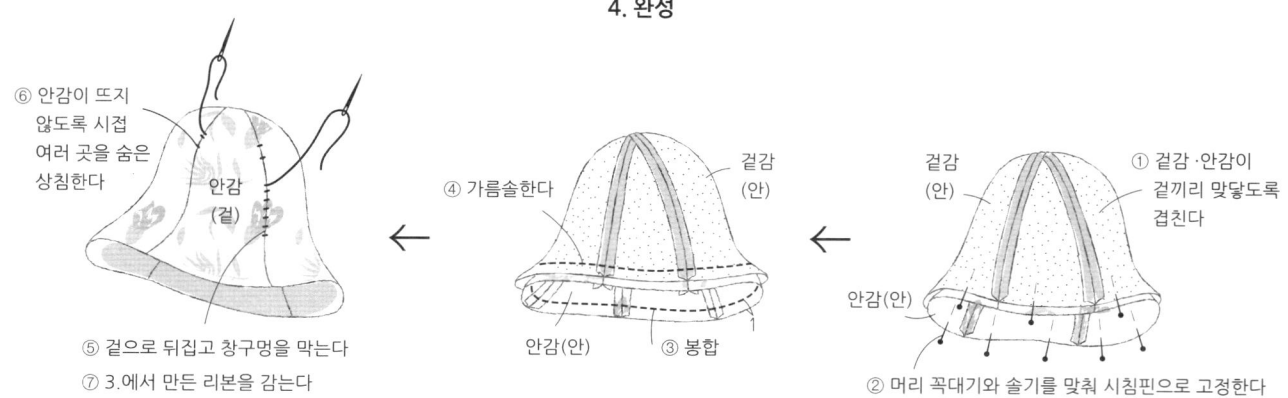

⑥ 안감이 뜨지
않도록 시접
여러 곳을 숨은
상침한다

안감
(겉)

⑤ 겉으로 뒤집고 창구멍을 막는다
⑦ 3.에서 만든 리본을 감는다

④ 가름솔한다

겉감
(안)

안감(안)

③ 봉합

겉감
(안)

겉감
(안)

① 겉감·안감이
겉끼리 맞닿도록
겹친다

안감(안)

② 머리 꼭대기와 솔기를 맞춰 시침핀으로 고정한다

1. 봉합 전 준비

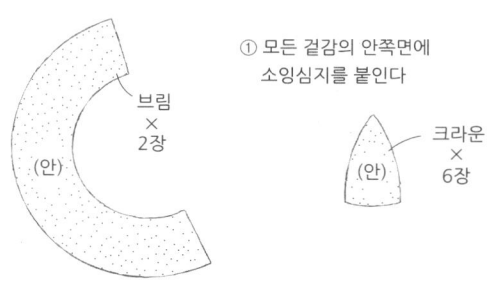

① 모든 겉감의 안쪽면에
소잉심지를 붙인다

브림
×
2장

(안)

크라운
×
6장

(안)

[재료]
겉감(무지 리넨) 110cm폭 1m
안감(무지 코튼) 90cm폭 50cm
소잉심지 110cm폭 1m
테이프 2.5cm폭 60cm
사이즈테이프 2.5cm폭 1m
코르사주 1개

[완성 사이즈] 머리둘레 57cm

[실물크기 패턴] B면

코튼린넨 코카

2. 크라운을 만든다

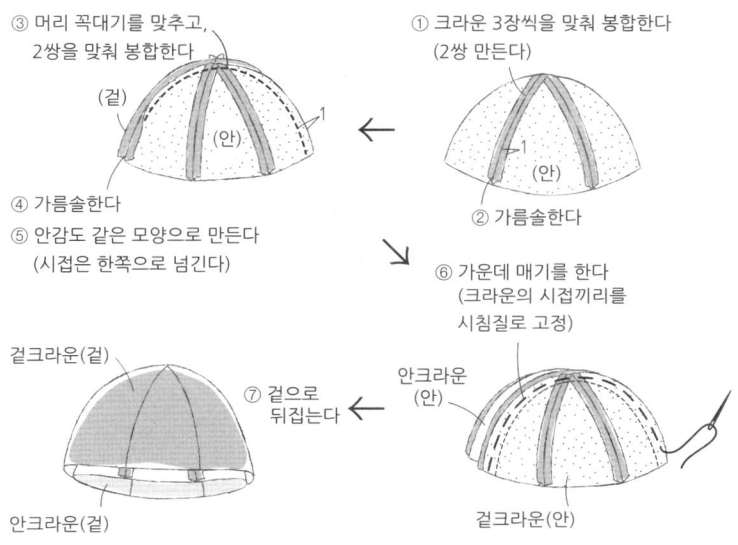

① 크라운 3장씩을 맞춰 봉합한다
(2쌍 만든다)

(안)

② 가름솔한다

③ 머리 꼭대기를 맞추고,
2쌍을 맞춰 봉합한다

(겉)

(안)

④ 가름솔한다

⑤ 안감도 같은 모양으로 만든다
(시접은 한쪽으로 넘긴다)

⑥ 가운데 매기를 한다
(크라운의 시접끼리를
시침질로 고정)

안크라운
(안)

겉크라운(안)

⑦ 겉으로
뒤집는다

겉크라운(겉)

안크라운(겉)

원단 재단방법

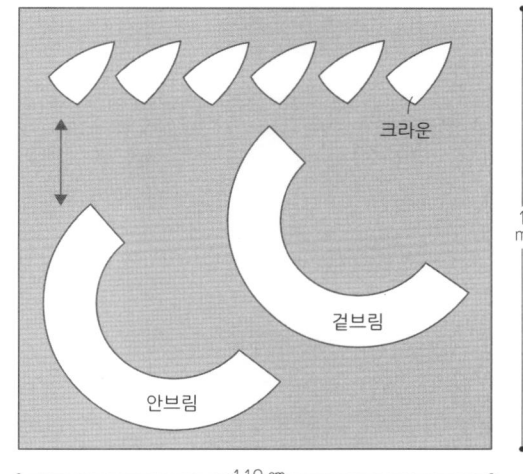

크라운

1
m

겉브림

안브림

110 cm

3. 브림을 만든다

① 브림의 뒷중심을 봉합하고,
가름솔한다

겉브림(안)

안브림(안)

② 2장 겹쳐서 봉합

③ 가름솔하고, 겉으로 뒤집는다

④ 앞·뒷중심을 맞춰(크라운은 솔기를
중심으로 한다) 시침질한다

⑤ 봉합

안브림 (안)

크라운(겉)

5. 완성

4. 사이즈테이프를 단다

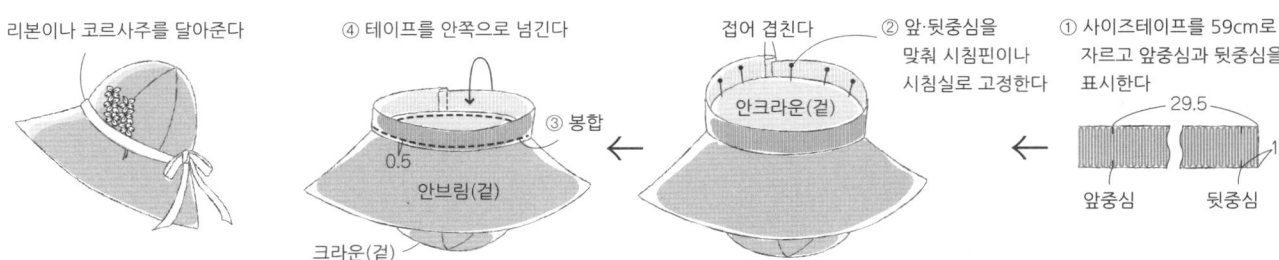

리본이나 코르사주를 달아준다

④ 테이프를 안쪽으로 넘긴다

③ 봉합

0.5

안브림(겉)

크라운(겉)

접어 겹친다

② 앞·뒷중심을
맞춰 시침핀이나
시침실로 고정한다

안크라운(겉)

① 사이즈테이프를 59cm로
자르고 앞중심과 뒷중심을
표시한다

29.5

1

앞중심   뒷중심

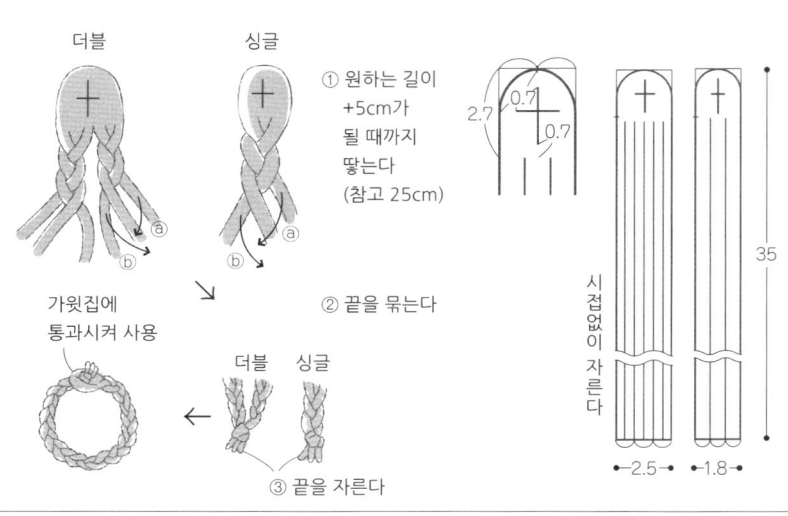

P.55 가죽을 잘라 땋은 팔찌

더블   싱글

① 원하는 길이 +5cm가 될 때까지 땋는다 (참고 25cm)

② 끝을 묶는다

가윗집에 통과시켜 사용

더블   싱글

③ 끝을 자른다

2.7
0.7
0.7

시접없이 자른다

35

←2.5→ ←1.8→

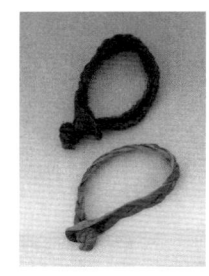

[재료]
부드러운 소가죽
2cm폭 35cm (싱글)
2.5cm폭 35cm (더블)

[완성 사이즈] 길이 약 20cm

P.54 워싱 가죽의 달리아 코르사주

② 3장을 고정 봉합한다

※구슬이나 비즈, 헤어고무줄을 다는 경우는 이때 같이 고정 봉합한다

① 3장을 겹쳐 송곳으로 구멍을 뚫는다

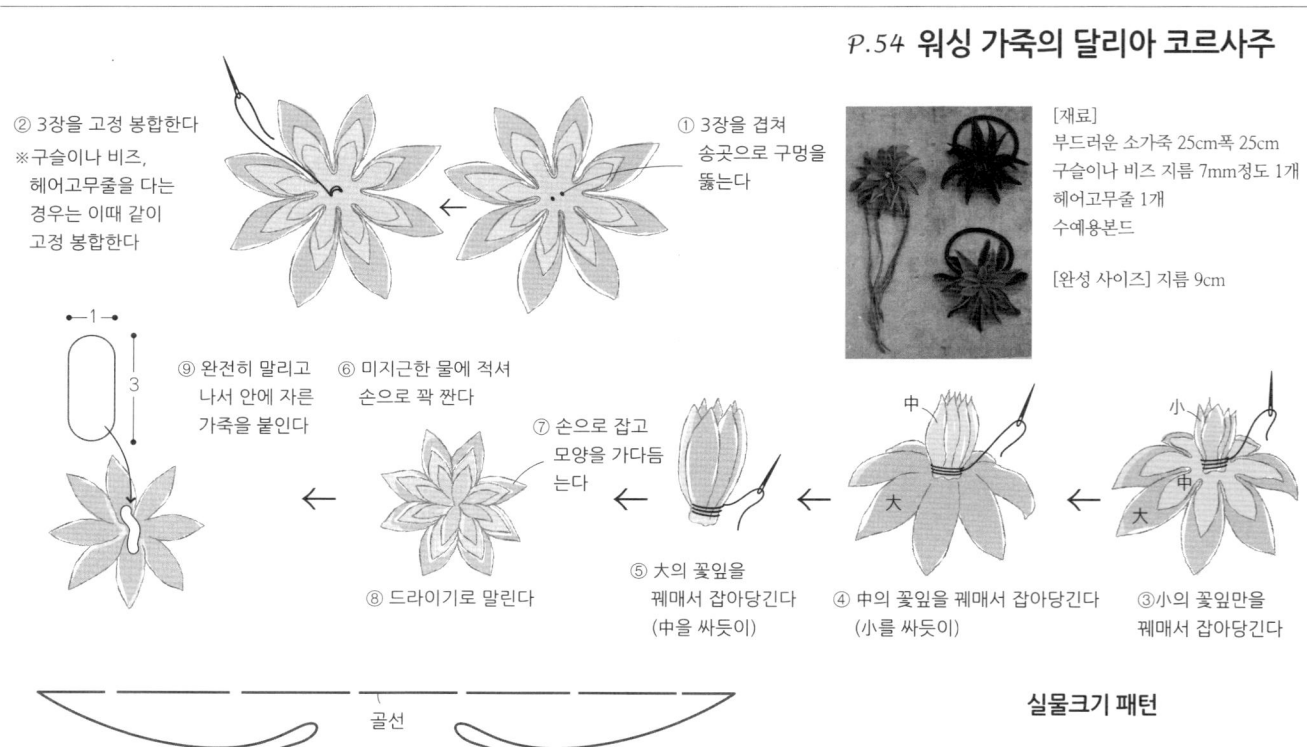

[재료]
부드러운 소가죽 25cm폭 25cm
구슬이나 비즈 지름 7mm정도 1개
헤어고무줄 1개
수예용본드

[완성 사이즈] 지름 9cm

⑨ 완전히 말리고 나서 안에 자른 가죽을 붙인다

⑥ 미지근한 물에 적셔 손으로 꽉 짠다

⑦ 손으로 잡고 모양을 가다듬는다

⑤ 大의 꽃잎을 꿰매서 잡아당긴다 (中을 싸듯이)

④ 中의 꽃잎을 꿰매서 잡아당긴다 (小를 싸듯이)

③ 小의 꽃잎만을 꿰매서 잡아당긴다

⑧ 드라이기로 말린다

←1→
3

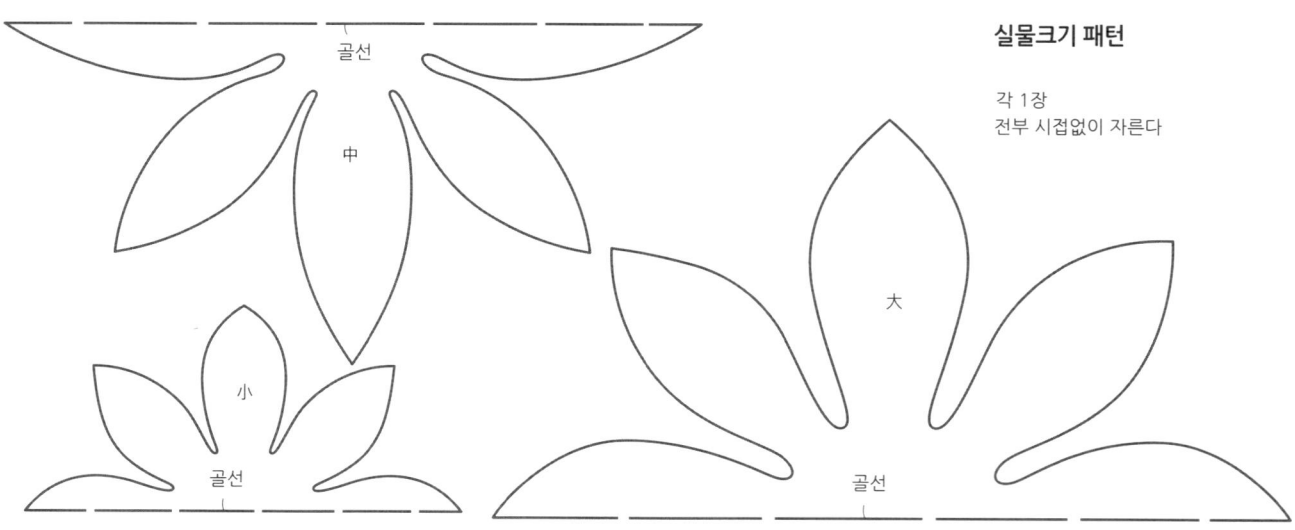

실물크기 패턴

각 1장
전부 시접없이 자른다

골선
中
小
골선

大
골선

114

2. 안단을 봉합한다

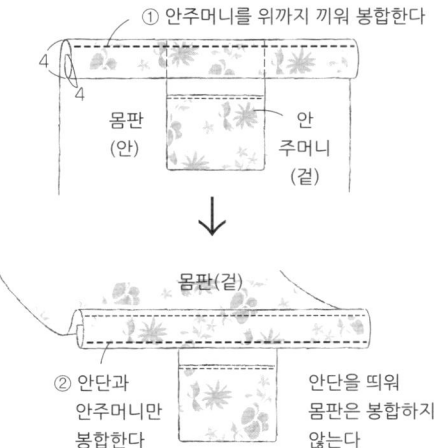

① 안주머니를 위까지 끼워 봉합한다

4
4

몸판
(안)

안
주머니
(겉)

몸판(겉)

② 안단과
안주머니만
봉합한다

안단을 띄워
몸판은 봉합하지
않는다

3. 손잡이를 만든다

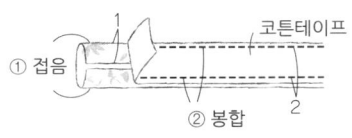

1

코튼테이프

① 접음

② 봉합

2

4. 손잡이를 단다

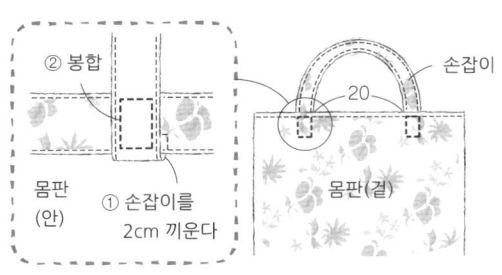

② 봉합

20

손잡이

몸판
(안)

① 손잡이를
2cm 끼운다

몸판(겉)

5. 옆을 봉합한다

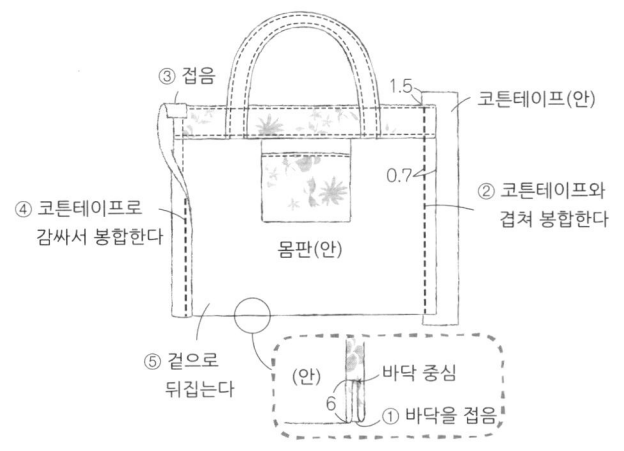

③ 접음

1.5

코튼테이프(안)

0.7

② 코튼테이프와
겹쳐 봉합한다

④ 코튼테이프로
감싸서 봉합한다

몸판(안)

⑤ 겉으로
뒤집는다

(안)

바닥 중심

6

① 바닥을 접음

[재료]
겉감(리넨) 112cm폭 1m
코튼테이프 1.5cm폭 2.6m

[완성 사이즈] 30×34×12cm

원단 재단방법

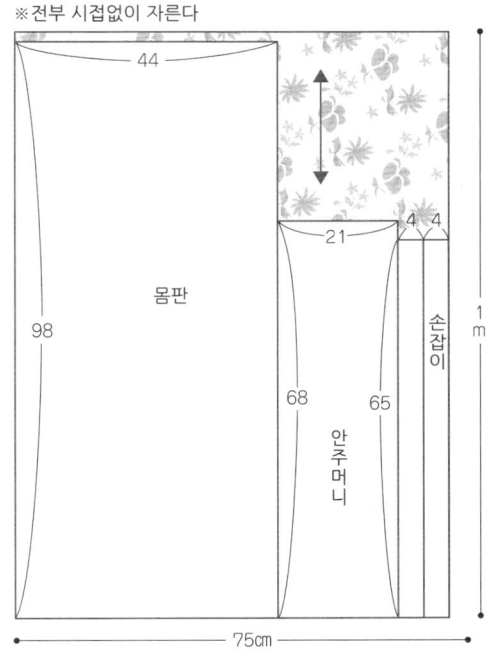

※전부 시접없이 자른다

44

98

몸판

21

4 4

68

65

안주머니

손잡이

75cm

1m

1. 안주머니를 만든다

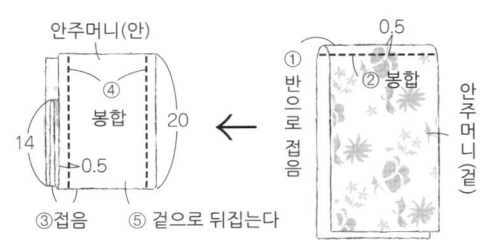

안주머니(안)

0.5

④
봉합

20

①
반으로
접음

② 봉합

안주머니
(겉)

14

0.5

③ 접음

⑤ 겉으로 뒤집는다

115

P.57 자수가 예쁜 토트백

원단 재단방법

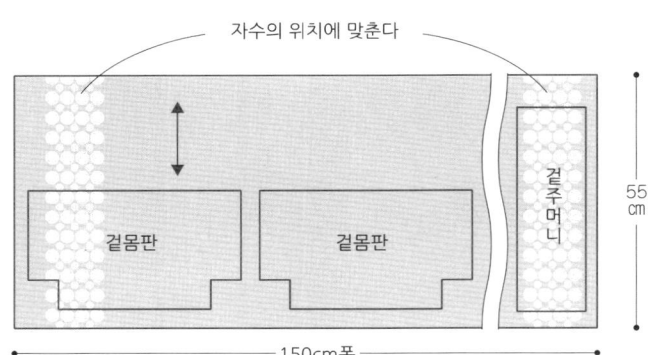

자수의 위치에 맞춘다
겉몸판
겉몸판
겉주머니
55cm
150cm폭

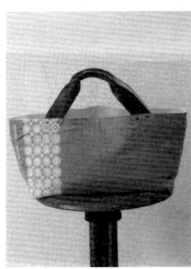

[재료]
겉감(자수가 들어간 코듀로이) 150cm폭 55cm
안감(캔버스) 90cm폭 95cm
소잉심지(두꺼운 심지) 1cm폭 50cm
손잡이용 가죽 8cm폭 38cm
코튼 테이프 4cm폭 76cm
양면징 0.5cm폭 9쌍

[완성 사이즈] 32×20×15cm

제도

※○안의 숫자는 시접입니다.
지정 이외는 시접 1cm

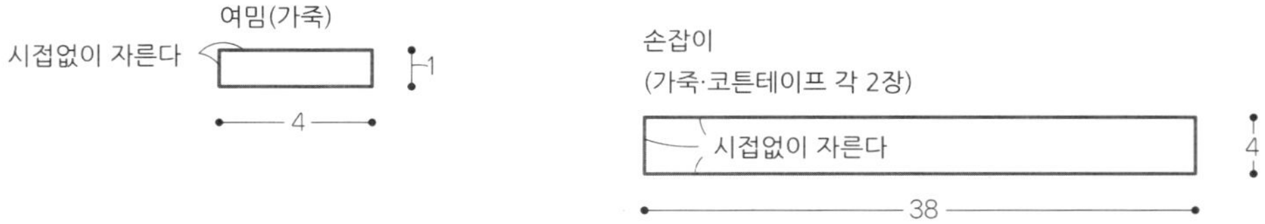

여밈(가죽)
시접없이 자른다
1
4
손잡이
(가죽·코튼테이프 각 2장)
시접없이 자른다
4
38

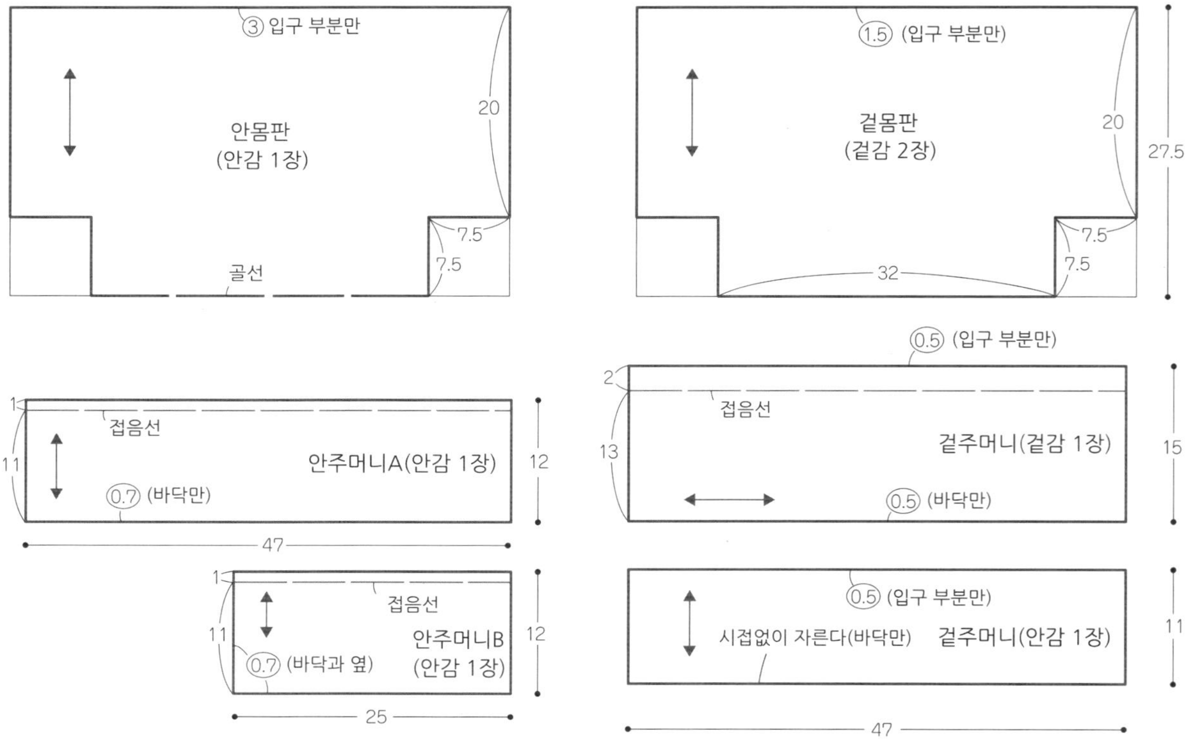

3 입구 부분만
안몸판
(안감 1장)
20
7.5
7.5
골선
1.5 (입구 부분만)
겉몸판
(겉감 2장)
20
27.5
7.5
7.5
32
1
접음선
11
안주머니A(안감 1장)
12
0.7 (바닥만)
47
0.5 (입구 부분만)
2
접음선
13
겉주머니(겉감 1장)
15
0.5 (바닥만)
1
접음선
11
안주머니B
(안감 1장)
12
0.7 (바닥과 옆)
25
0.5 (입구 부분만)
시접없이 자른다(바닥만)
겉주머니(안감 1장)
11
47

1. 안몸판을 만든다

① 주머니 입구를 봉합하고, 안몸판에 고정 봉합한다

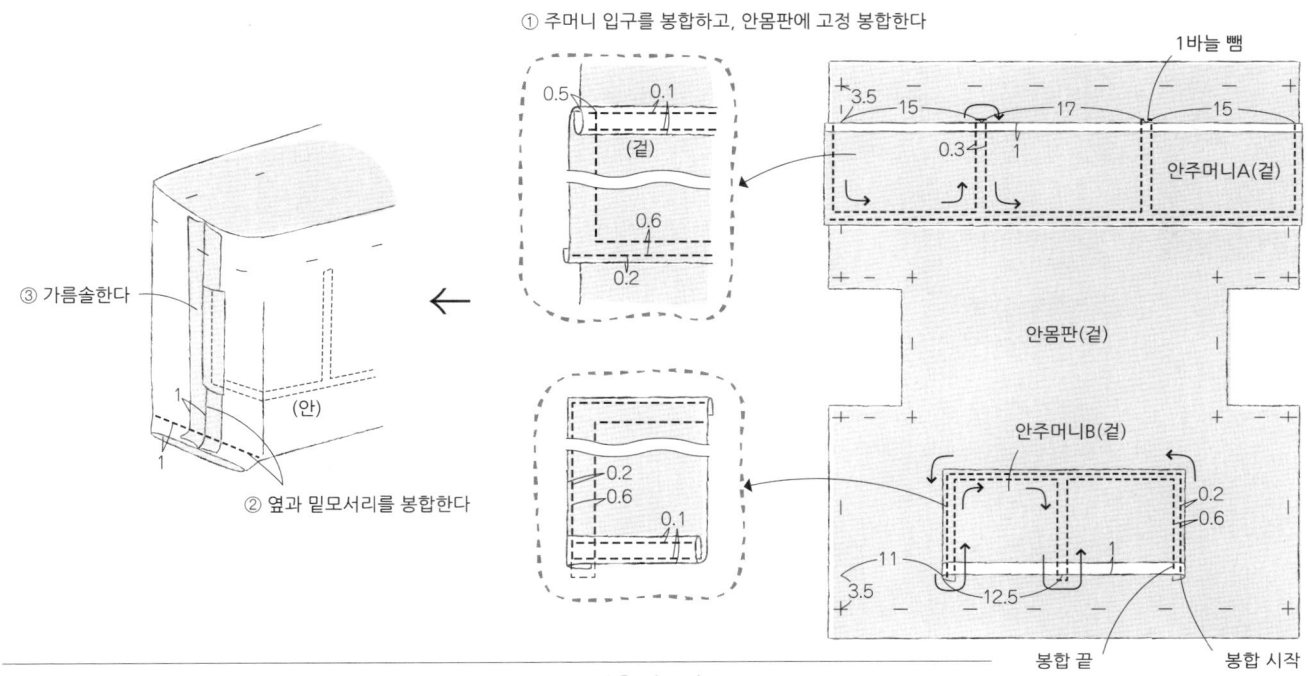

③ 가름솔한다

② 옆과 밑모서리를 봉합한다

1바늘 뺌

3.5 15 17 15

0.3 1

안주머니A(겉)

안몸판(겉)

안주머니B(겉)

0.2
0.6

11

3.5 12.5 1

봉합 끝   봉합 시작

0.5 0.1

(겉)

0.6

0.2

0.2
0.6

0.1

(안)

1

2. 겉몸판을 만든다

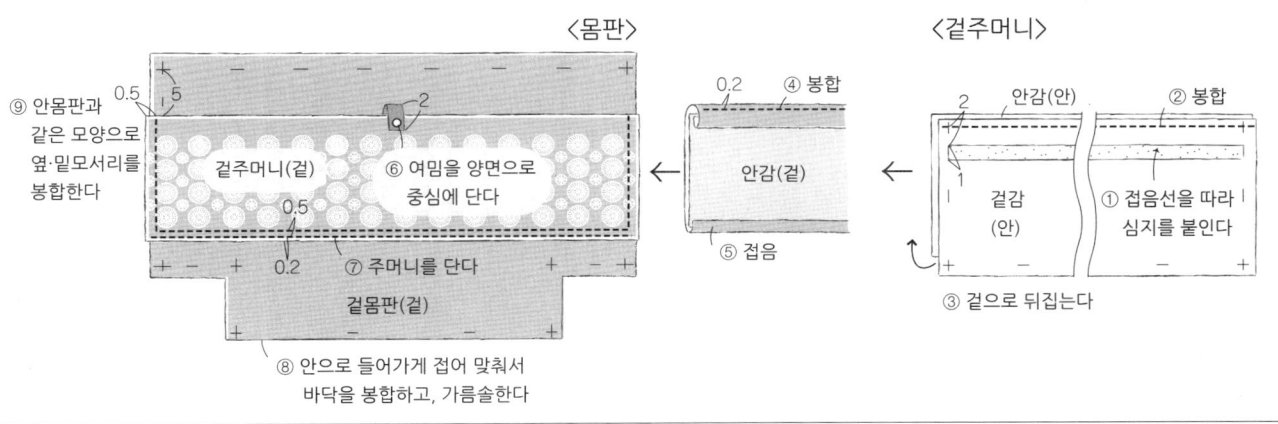

⟨몸판⟩

⑨ 안몸판과 같은 모양으로 옆·밑모서리를 봉합한다

0.5 5

2

겉주머니(겉)

⑥ 여밈을 양면으로 중심에 단다

0.5

0.2

⑦ 주머니를 단다

겉몸판(겉)

⑧ 안으로 들어가게 접어 맞춰서 바닥을 봉합하고, 가름솔한다

⟨겉주머니⟩

0.2 ④ 봉합

안감(겉)

⑤ 접음

2 안감(안) ② 봉합

1

겉감
(안)

① 접음선을 따라 심지를 붙인다

③ 겉으로 뒤집는다

4. 완성

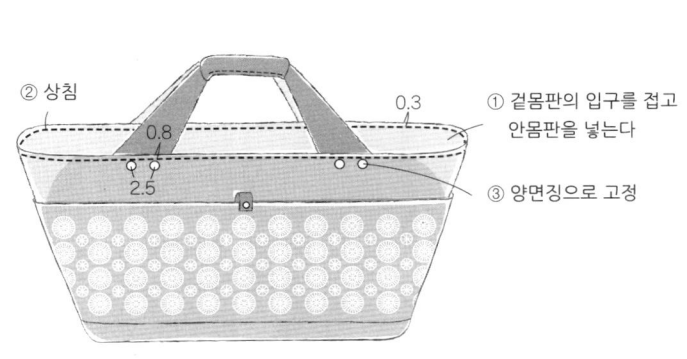

② 상침

0.3

0.8

2.5

① 겉몸판의 입구를 접고 안몸판을 넣는다

③ 양면징으로 고정

3. 손잡이를 만든다

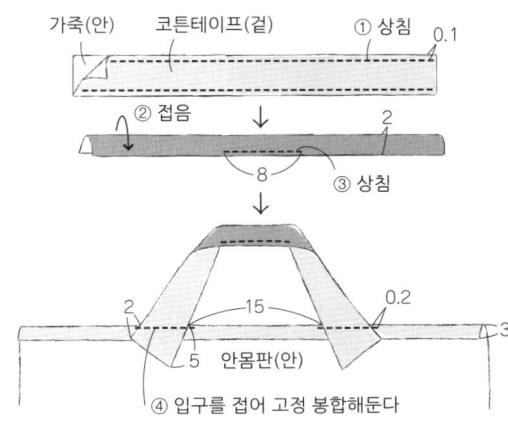

가죽(안) 코튼테이프(겉) ① 상침 0.1

② 접음

2

8

③ 상침

2 15 0.2

안몸판(안)

2 3

5

④ 입구를 접어 고정 봉합해둔다

117

[재료]
겉감(프린트 코튼) 90cm폭 45cm
안감(무지 코튼) 90cm폭 50cm
손잡이용 가죽벨트 1.5cm폭 48cm
스캘럽 레이스 1.5cm 폭 1.1cm
소잉심지 (또는 두꺼운 심지) 35cm폭 15cm
양면징 1cm폭 4쌍

[완성 사이즈] 36×30cm
손잡이 길이48cm

[실물크기 패턴] D면

[재료]
겉감(프린트 코튼) 60cm폭 25cm
안감(무지 코튼) 85cm폭 25cm
스캘럽 레이스 1.5cm폭 50cm
손잡이용 가죽 2.4cm폭 34cm
여밈용 가죽 1.2cm폭 10cm
지퍼 20cm 1개
가방 연결고리 1.6cm폭 2개 D링 1.6cm폭 2개
소잉심지 (또는 두꺼운 심지) 1cm폭 21cm

[완성 사이즈] 24cm×14cm
손잡이 길이 34cm

실물크기 패턴 D면

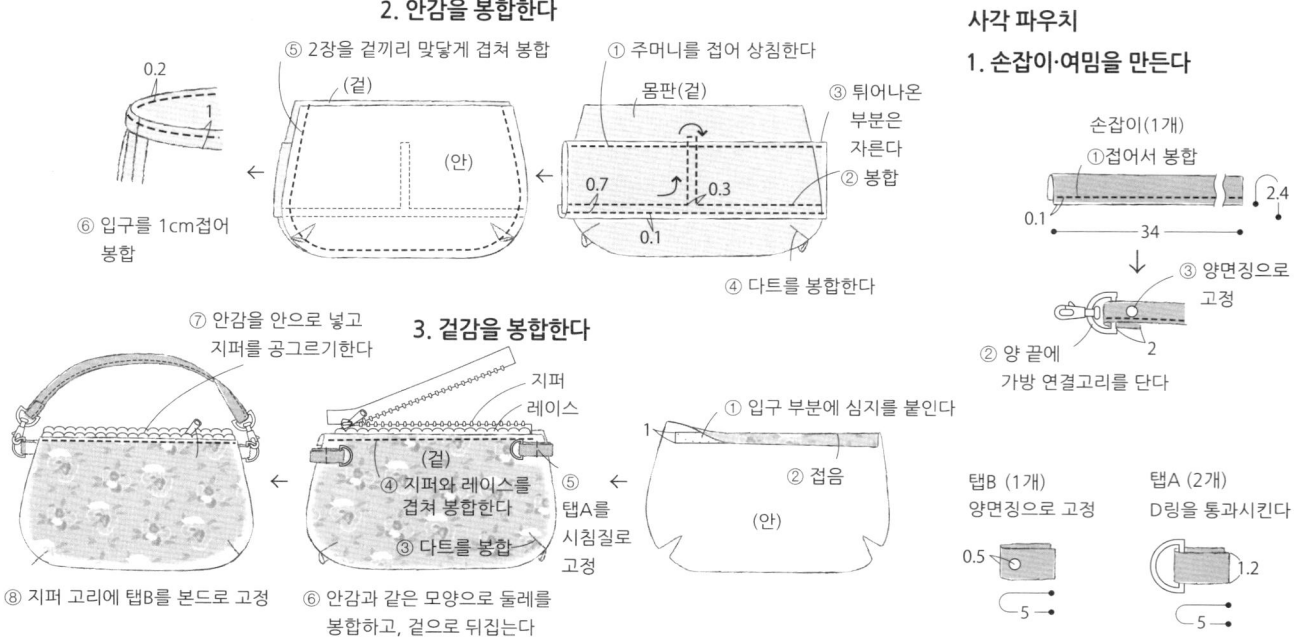

2. 안감을 봉합한다

0.2 / 1

(겉)

(안)

⑤ 2장을 겉끼리 맞닿게 겹쳐 봉합

⑥ 입구를 1cm접어 봉합

① 주머니를 접어 상침한다

몸판(겉)

③ 튀어나온 부분은 자른다

② 봉합

0.7 0.3 0.1

④ 다트를 봉합한다

3. 겉감을 봉합한다

⑦ 안감을 안으로 넣고 지퍼를 공그르기한다

지퍼 레이스

(겉)

④ 지퍼와 레이스를 겹쳐 봉합한다

③ 다트를 봉합

⑧ 지퍼 고리에 탭B를 본드로 고정

⑤ 탭A를 시침질로 고정

⑥ 안감과 같은 모양으로 둘레를 봉합하고, 겉으로 뒤집는다

① 입구 부분에 심지를 붙인다

1

② 접음

(안)

사각 파우치
1. 손잡이·여밈을 만든다

손잡이(1개)

① 접어서 봉합

0.1   34   2.4

② 양 끝에 가방 연결고리를 단다

③ 양면징으로 고정

2

탭B (1개)
양면징으로 고정

0.5

5

탭A (2개)
D링을 통과시킨다

1.2

5

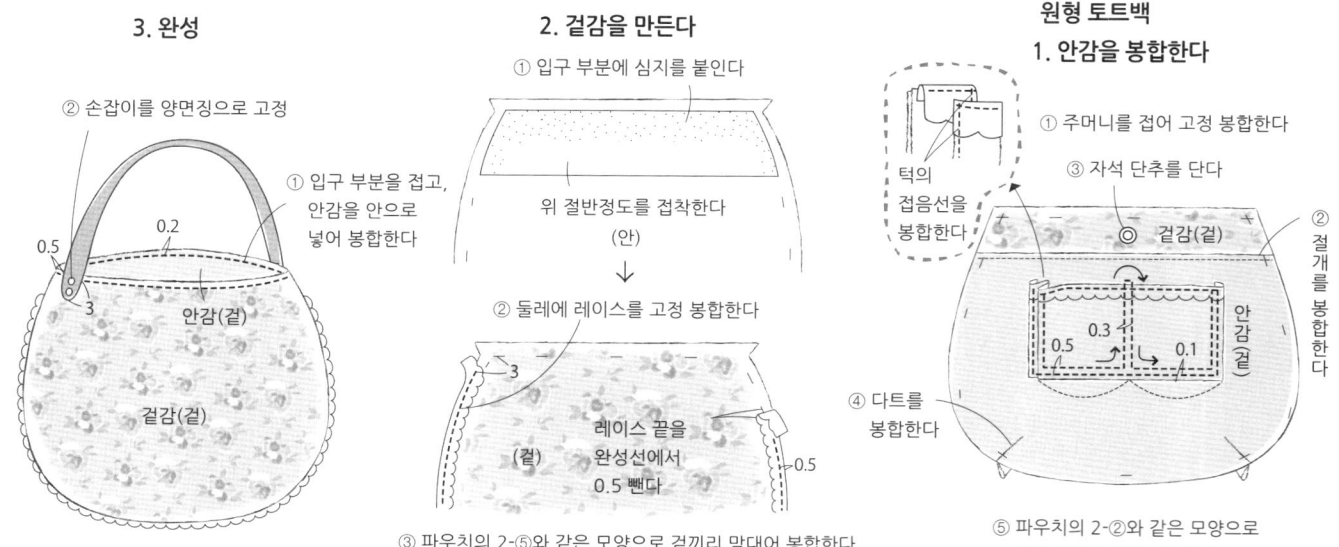

3. 완성

② 손잡이를 양면징으로 고정

0.5

3

0.2

① 입구 부분을 접고, 안감을 안으로 넣어 봉합한다

안감(겉)

겉감(겉)

2. 겉감을 만든다

① 입구 부분에 심지를 붙인다

위 절반정도를 접착한다

(안)

② 둘레에 레이스를 고정 봉합한다

3

레이스 끝을 완성선에서 0.5 뺀다

(겉)

0.5

③ 파우치의 2-⑤와 같은 모양으로 겉끼리 맞대어 봉합한다

원형 토트백
1. 안감을 봉합한다

① 주머니를 접어 고정 봉합한다

③ 자석 단추를 단다

턱의 접음선을 봉합한다

겉감(겉)

② 절개를 봉합한다

안감(겉)

0.5   0.3   0.1

④ 다트를 봉합한다

⑤ 파우치의 2-②와 같은 모양으로 안감끼리를 맞춰 봉합한다

118

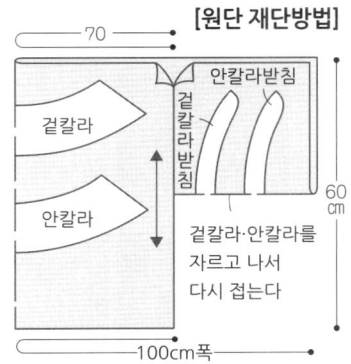

[재료]
겉감(도비 코튼) 100cm폭 60cm
퀼팅솜 70cm폭 70cm
소잉심지 50cm폭 20cm
트라푼토 실 1롤

[완성 사이즈] 목둘레 40cm

[실물크기 패턴] D면

[재료]
겉감(도비 코튼) 70cm폭 70cm
퀼팅솜 70cm폭 70cm
소잉심지 50cm폭 20cm
스냅단추 1cm 3쌍
장식 단추 2개
트라푼토 실 1롤

[완성 사이즈] 목둘레 40cm

[실물크기 패턴] D면

[원단 재단방법]

[원단 재단방법 - 스탠더드 칼라]
70
안칼라받침
겉칼라
겉칼라받침
안칼라
60cm
100cm폭
겉칼라·안칼라를 자르고 나서 다시 접는다

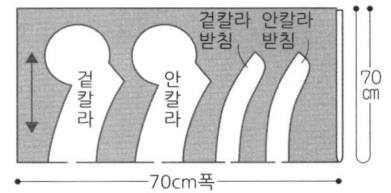

[원단 재단방법]

[원단 재단방법 - 라운드 칼라]
겉칼라받침　안칼라받침
겉칼라　안칼라
70cm
70cm폭

---

1. 칼라를 만든다

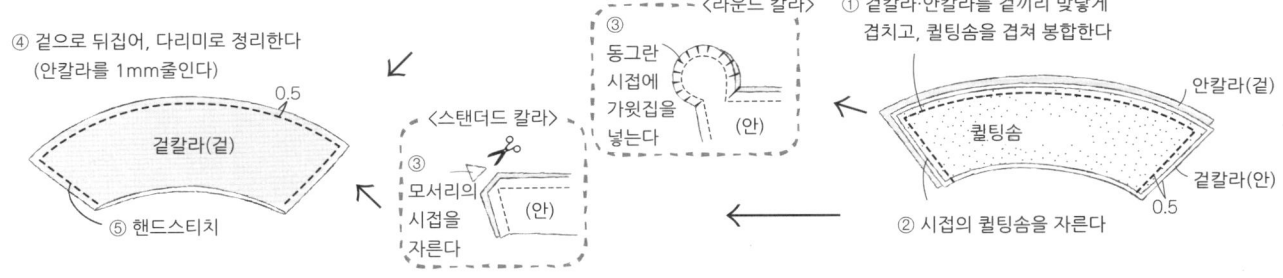

④ 겉으로 뒤집어, 다리미로 정리한다
(안칼라를 1mm줄인다)

겉칼라(겉)　0.5
⑤ 핸드스티치

〈라운드 칼라〉
③ 동그란 시접에 가윗집을 넣는다
(안)

〈스탠더드 칼라〉
③ 모서리의 시접을 자른다
(안)

① 겉칼라·안칼라를 겉끼리 맞닿게 겹치고, 퀼팅솜을 겹쳐 봉합한다

안칼라(겉)
퀼팅솜
겉칼라(안)　0.5

② 시접의 퀼팅솜을 자른다

---

2. 칼라받침을 만든다

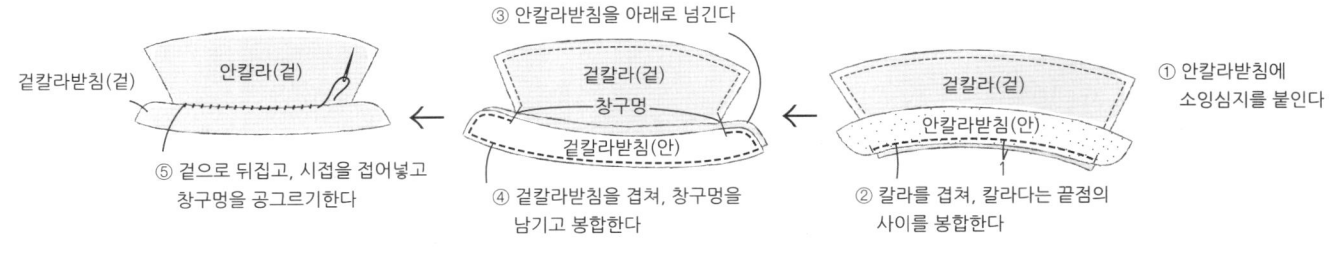

③ 안칼라받침을 아래로 넘긴다

겉칼라받침(겉)
안칼라(겉)
⑤ 겉으로 뒤집고, 시접을 접어넣고 창구멍을 공그르기한다

겉칼라(겉)
창구멍
겉칼라받침(안)
④ 겉칼라받침을 겹쳐, 창구멍을 남기고 봉합한다

겉칼라(겉)
안칼라받침(안)
① 안칼라받침에 소잉심지를 붙인다

② 칼라를 겹쳐, 칼라다는 끝점의 사이를 봉합한다
1

---

4. 완성

〈스탠더드 칼라〉

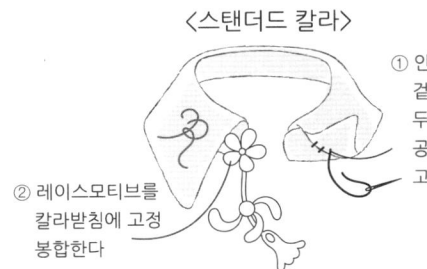

① 안칼라와 겉칼라받침을 두 군데 공그르기해 고정한다

② 레이스모티브를 칼라받침에 고정 봉합한다

〈라운드 칼라〉

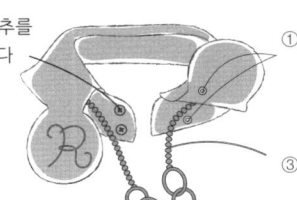

② 단추를 단다

① 안칼라와 겉칼라받침의 원하는 위치에 스냅단추를 단다

③ 네크리스 등을 통과시킨다

3. 트라푼토한다

P.65의 과정을 참고해 트라푼토한다

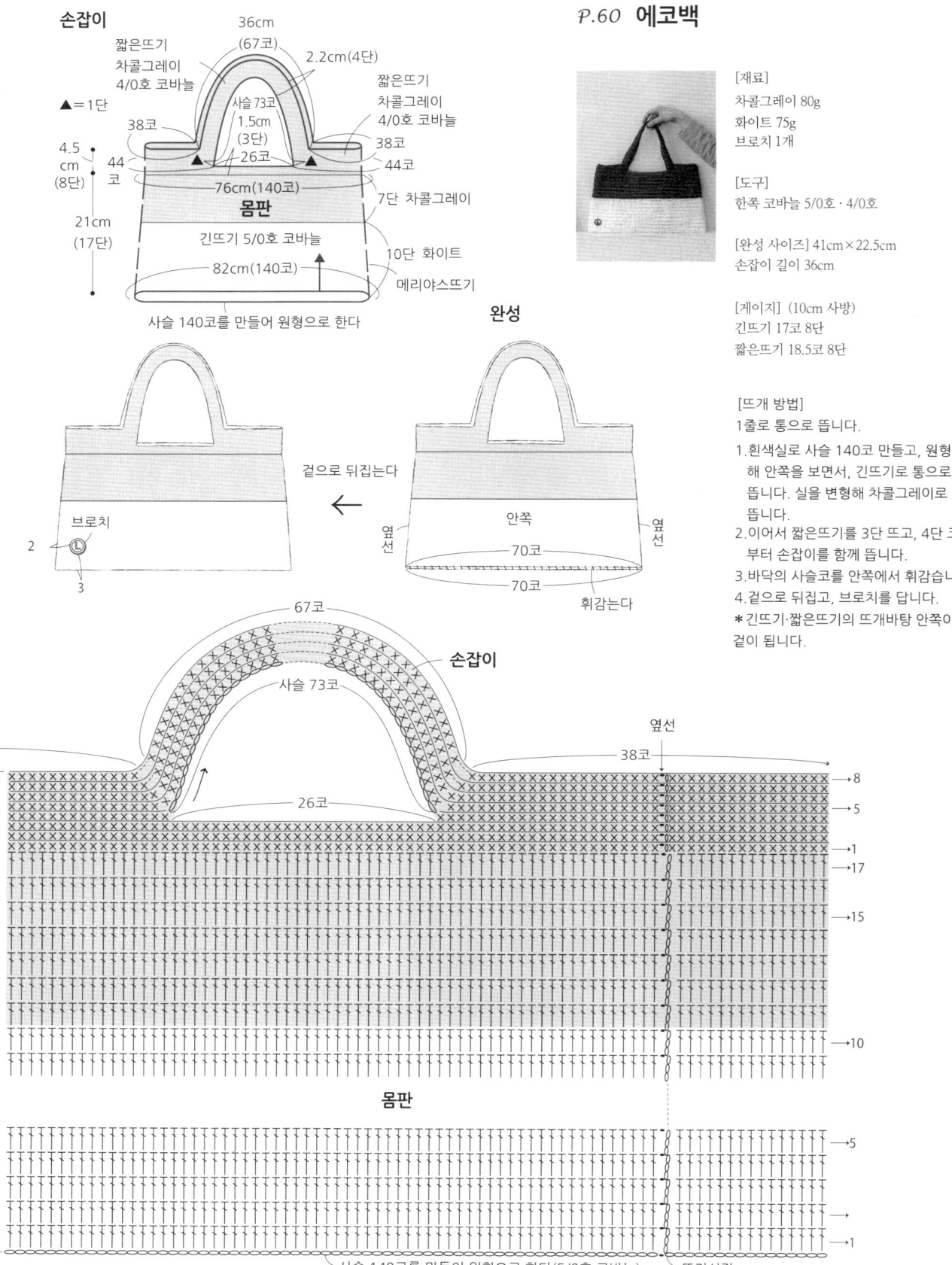

손잡이

36cm
(67코)
2.2cm(4단)

짧은뜨기
차콜그레이
4/0호 코바늘

짧은뜨기
차콜그레이
4/0호 코바늘

▲=1단

사슬 73코
1.5cm
(3단)

38코

38코

4.5
cm
(8단)

44
코

26코

44코

76cm(140코)

몸판

7단 차콜그레이

21cm
(17단)

긴뜨기 5/0호 코바늘

10단 화이트

82cm(140코)

메리야스뜨기

사슬 140코를 만들어 원형으로 한다

완성

브로치

2

3

겉으로 뒤집는다

옆선

안쪽

옆선

70코

70코

휘감는다

[재료]
차콜그레이 80g
화이트 75g
브로치 1개

[도구]
한쪽 코바늘 5/0호·4/0호

[완성 사이즈] 41cm×22.5cm
손잡이 길이 36cm

[게이지] (10cm 사방)
긴뜨기 17코 8단
짧은뜨기 18.5코 8단

[뜨개 방법]
1줄로 통으로 뜹니다.

1. 흰색실로 사슬 140코 만들고, 원형으로
   해 안쪽을 보면서, 긴뜨기로 통으로 10단
   뜹니다. 실을 변형해 차콜그레이로 7단
   뜹니다.
2. 이어서 짧은뜨기를 3단 뜨고, 4단 코
   부터 손잡이를 함께 뜹니다.
3. 바닥의 사슬코를 안쪽에서 휘감습니다.
4. 겉으로 뒤집고, 브로치를 답니다.
＊긴뜨기·짧은뜨기의 뜨개바탕 안쪽이
겉이 됩니다.

67코

손잡이

사슬 73코

26코

옆선

38코

8

5

1

17

15

10

몸판

5

1

사슬 140코를 만들어 원형으로 한다(5/0호 코바늘)

뜨기시작

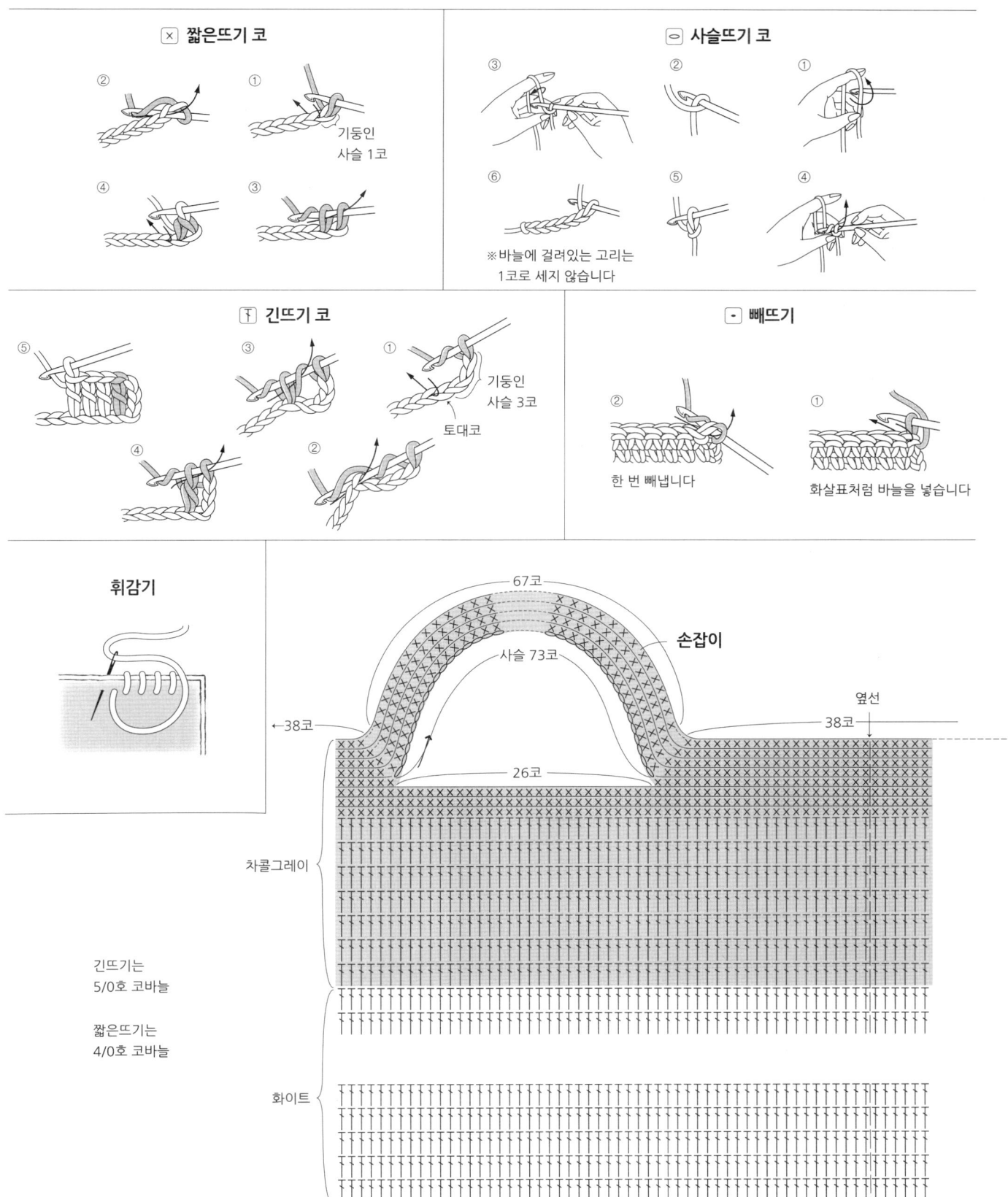

짧은뜨기 코 ⨯

② ① 기둥인
사슬 1코

④ ③

사슬뜨기 코 ⊝

③ ② ①

⑥ ⑤ ④

※바늘에 걸려있는 고리는
1코로 세지 않습니다

긴뜨기 코 ↑

⑤ ③ ① 기둥인
사슬 3코
토대코
④ ②

빼뜨기 -

② ①

한 번 빼냅니다 화살표처럼 바늘을 넣습니다

휘감기

긴뜨기는
5/0호 코바늘

짧은뜨기는
4/0호 코바늘

67코
손잡이
사슬 73코
←38코
26코
옆선
38코

차콜그레이

화이트

1. 주머니를 만든다

앞몸판(겉)

② 입구를 두 번 접어 상침

③ 시접을 접어 몸판에
고정 봉합한다

① 지그재그봉제 또는
오버록 처리한다

[재료]
무지 리넨 110cm폭 1.1m

[완성 사이즈(왼쪽부터 100 · 110 · 120)]
가슴둘레 56 · 60 · 64cm
전체길이 52 · 58 · 64cm

[실물크기 패턴] C면

리투아니아

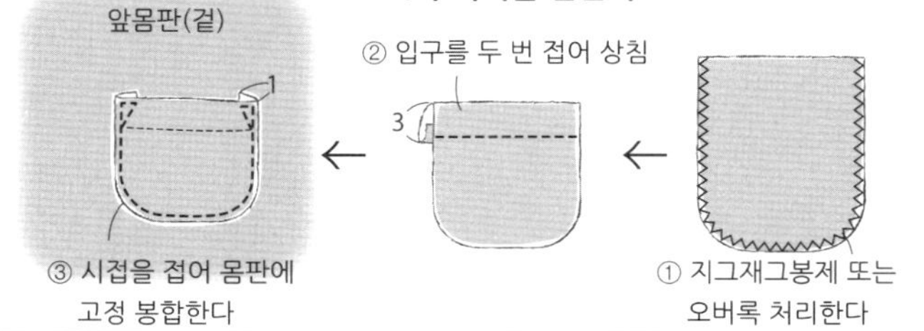

2. 목둘레천을 만든다

② 겉으로 뒤집어
상침으로
눌러 박는다

0.2
(겉)
(안)

(안)

(겉)

① 목둘레천의 위 끝을
봉합한다

원단 재단방법

주머니
앞몸판
목둘레천
어깨끈
(총 8장)
뒷몸판
1.1 m

110cm폭

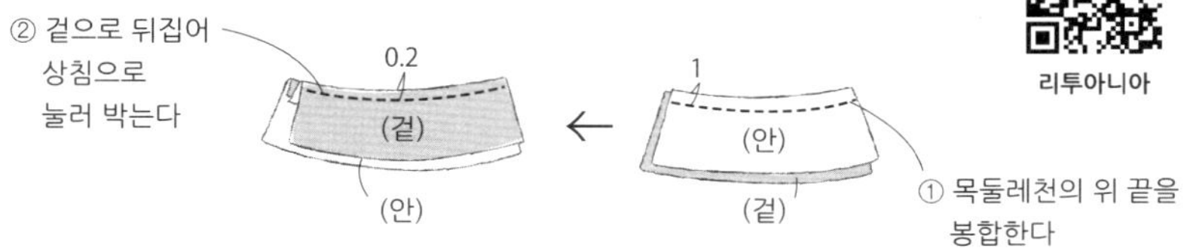

3. 몸판을 봉합한다(앞·뒤 공통)

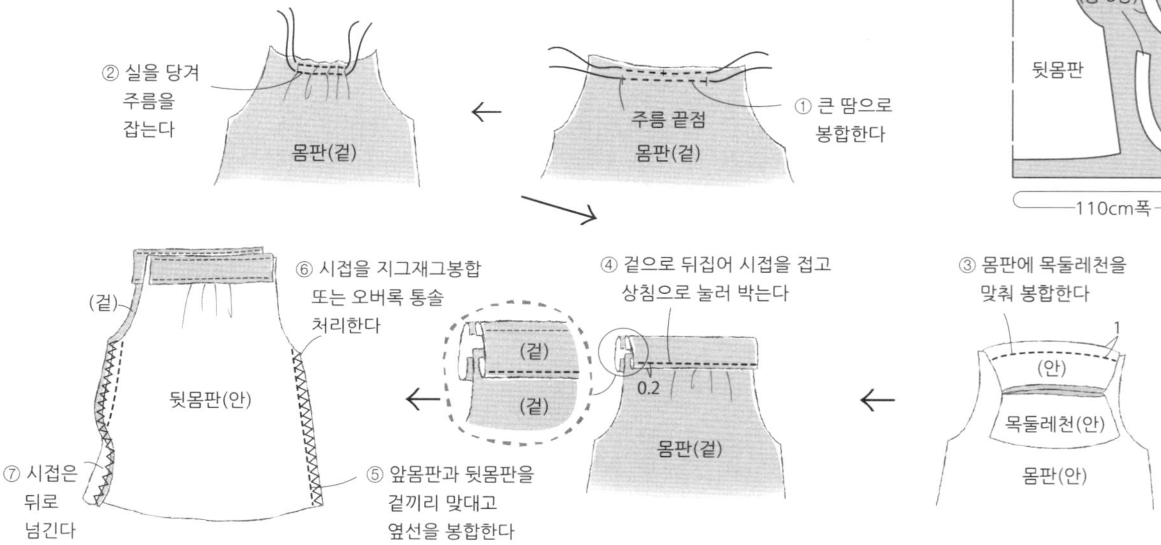

② 실을 당겨
주름을
잡는다

몸판(겉)

주름 끝점
몸판(겉)

① 큰 땀으로
봉합한다

④ 겉으로 뒤집어 시접을 접고
상침으로 눌러 박는다

③ 몸판에 목둘레천을
맞춰 봉합한다

(겉)

⑥ 시접을 지그재그봉합
또는 오버록 통솔
처리한다

뒷몸판(안)

(겉)
(겉)
0.2
몸판(겉)

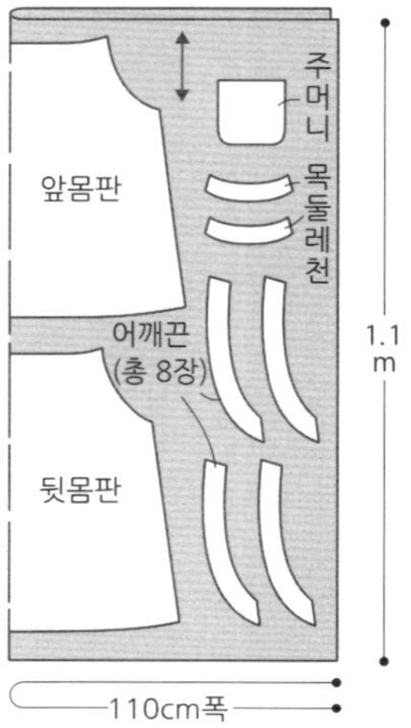

(안)

목둘레천(안)

몸판(안)

1

⑦ 시접은
뒤로
넘긴다

⑤ 앞몸판과 뒷몸판을
겉끼리 맞대고
옆선을 봉합한다

5. 완성

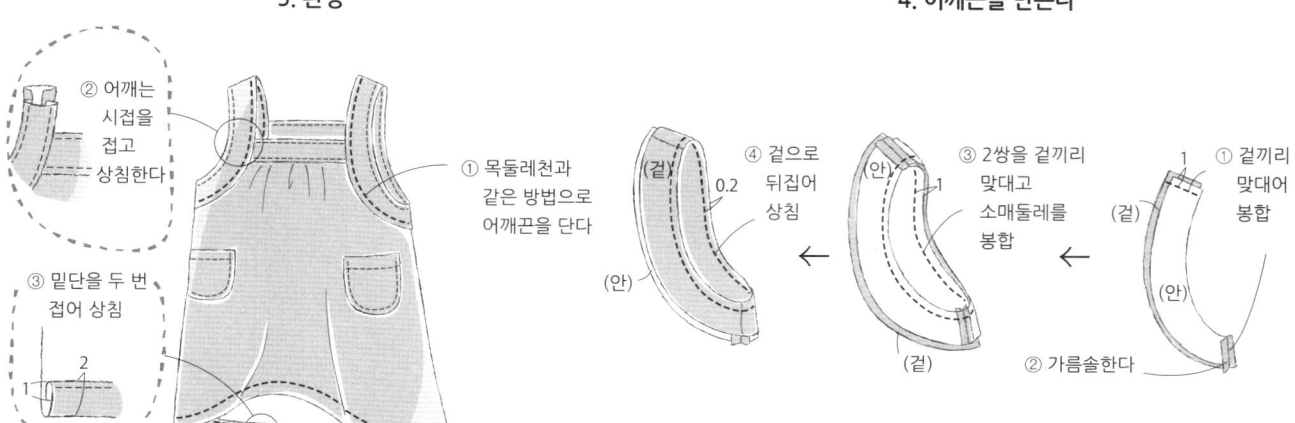

② 어깨는
시접을
접고
상침한다

③ 밑단을 두 번
접어 상침

2
1

① 목둘레천과
같은 방법으로
어깨끈을 단다

4. 어깨끈을 만든다

(겉)
0.2
(안)

④ 겉으로
뒤집어
상침

(겉)

(안)

③ 2쌍을 겉끼리
맞대고
소매둘레를
봉합

1

① 겉끼리
맞대어
봉합

1
(겉)

(안)

② 가름솔한다

[재료]
겉감(프린트 코튼) 110cm폭 1.2m
배색천(무지 리넨) 110cm폭 50cm
소잉심지 20cm폭 50cm 단추 0.8cm 6개

[완성 사이즈 (왼쪽부터 100·120cm)]
가슴둘레 78·86cm
전체길이 37·44cm
소매길이 33·36cm

Master of
linen

[재료]
겉감(리넨 깅엄체크) 110cm폭 1.7m
배색천(무지 리넨) 110cm폭 50cm
소잉심지 20cm폭 70cm 단추 1.5cm 7개

[완성 사이즈 (왼쪽부터 100·120cm)]
가슴둘레 78·86cm
전체길이 55·64cm
소매길이 33·36cm

[실물크기 패턴] D면

Eins check

3. 어깨선·옆선을 봉합한다

① 어깨선·옆선을 봉합한다

② 블라우스 시접을 2장 함께 지그재그봉합
또는 오버록 통솔처리한다 (원피스는 지그
재그봉제 또는 오버록 처리하여 가름솔한다)

③ 겉쪽에서 상침
요크(겉)
뒷몸판(겉)

*앞몸판도 같은 모양으로
요크를 단다

2. 몸판에 요크를 단다

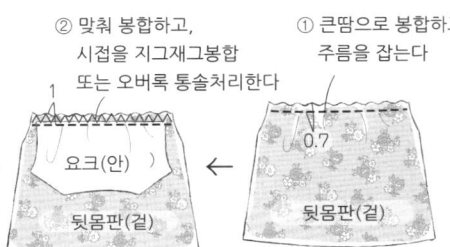

② 맞춰 봉합하고,
시접을 지그재그봉합
또는 오버록 통솔처리한다
요크(안)
뒷몸판(겉)

① 큰땀으로 봉합하고
주름을 잡는다
0.7
뒷몸판(겉)

1. 봉합 전 준비

앞요크(안)

안단부분에
소잉심지를
붙인다

앞몸판(안)

*원피스(리넨)는 어깨선·옆선·
소매아래선에 지그재그봉제
또는 오버록 처리해 시접을
마무리해둔다

5. 밑단·안단을 마무리한다

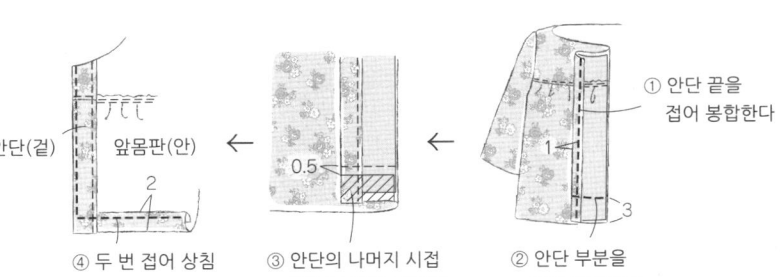

안단(겉) 앞몸판(안)
2
④ 두 번 접어 상침

0.5
③ 안단의 나머지 시접
(사선부분)을 자른다

② 안단 부분을
접어 봉합한다

① 안단 끝을
접어 봉합한다

4. 소매를 만들어 단다

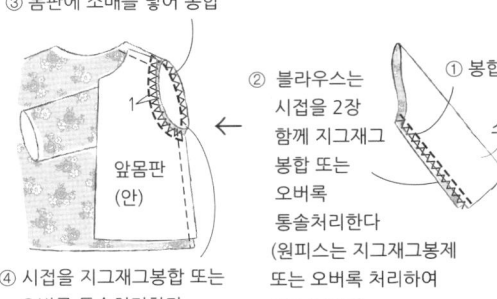

③ 몸판에 소매를 넣어 봉합

앞몸판
(안)
1

④ 시접을 지그재그봉합 또는
오버록 통솔처리한다

② 블라우스는
시접을 2장
함께 지그재그
봉합 또는
오버록
통솔처리한다
(원피스는 지그재그봉제
또는 오버록 처리하여
가름솔한다)

① 봉합
소매(안)

7. 단추를 단다

① 단추를
단다

② 단춧구멍을
만든다

6. 목둘레·소맷부리를 마무리한다

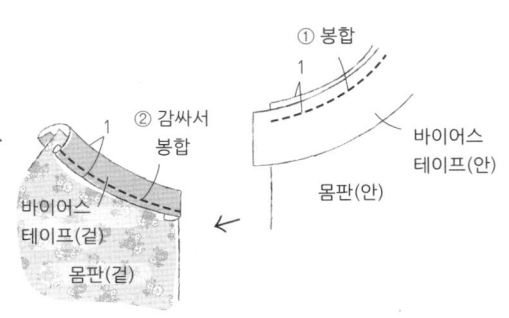

소맷부리
(겉)

③ 소맷부리는
끝에 주름을 잡고
목둘레과 같은 모양으로
바이어스 처리한다

① 봉합
1
② 감싸서
봉합
바이어스
테이프(안)
몸판(안)

바이어스
테이프(겉)
몸판(겉)

캬슈쾨르 원피스

[재료]
겉감(무지 울 거즈) 110cm폭 2m
소잉테이프 1cm폭 85cm

[완성 사이즈 (아동 100~110cm)]
전체길이 61.5cm

[실물크기 패턴] C면

키토산
자연면 40수

1. 원단을 재단한다

(스커트·끈 패턴은 없습니다
아래의 치수로 재단해 주세요)

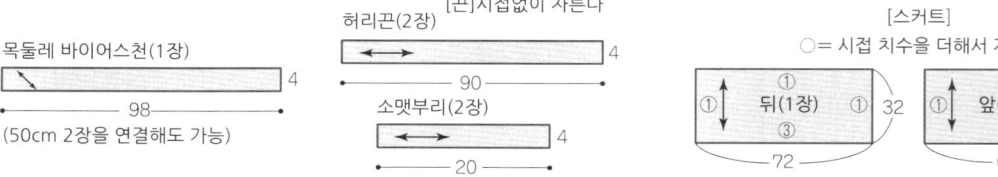

목둘레 바이어스천(1장) ┤4
├─ 98 ─┤
(50cm 2장을 연결해도 가능)

[끈]시접없이 자른다

허리끈(2장) ┤4
←──→
├─ 90 ─┤

소맷부리(2장) ┤4
←──→
├─ 20 ─┤

[스커트]
○ = 시접 치수을 더해서 재단

① 뒤(1장) ③ ┤32
① ③
├─ 72 ─┤

① 앞(2장) ③ ┤32
① ③
├─ 60 ─┤

---

4. 둘레를 두 번 접어 상침한다

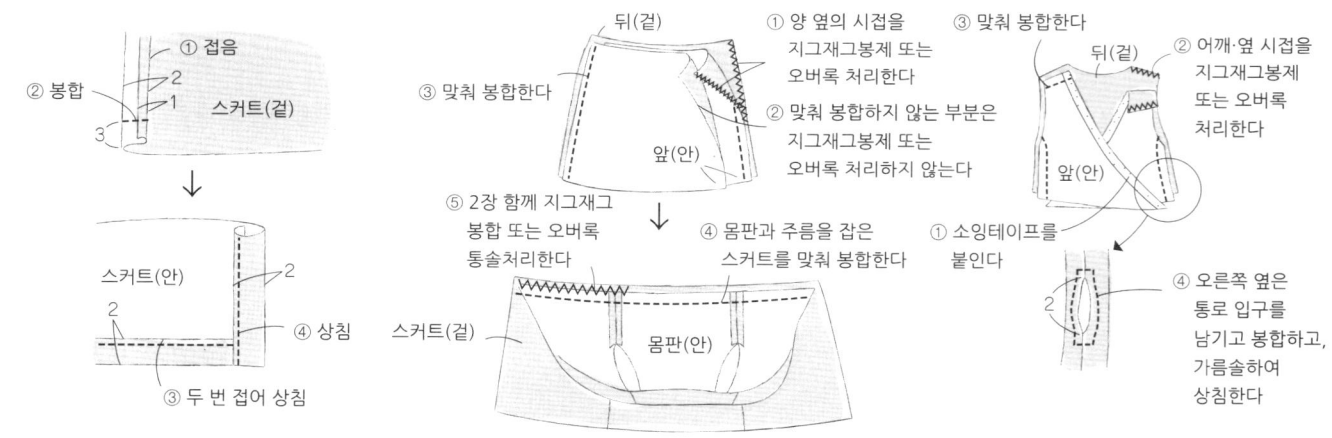

① 접음
② 봉합
스커트(겉)
2
1
3

↓

스커트(안)
2
2
④ 상침
③ 두 번 접어 상침

3. 스커트 부분을 봉합한다

뒤(겉)
③ 맞춰 봉합한다
앞(안)

① 양 옆의 시접을
지그재그봉제 또는
오버록 처리한다
② 맞춰 봉합하지 않는 부분은
지그재그봉제 또는
오버록 처리하지 않는다

⑤ 2장 함께 지그재그
봉합 또는 오버록
통솔처리한다
④ 몸판과 주름을 잡은
스커트를 맞춰 봉합한다

스커트(겉)
몸판(안)

2. 몸판을 봉합한다

③ 맞춰 봉합한다
뒤(겉)
앞(안)

② 어깨·옆 시접을
지그재그봉제
또는 오버록
처리한다

① 소잉테이프를
붙인다

④ 오른쪽 옆은
통로 입구를
남기고 봉합하고,
가름솔하여
상침한다
2

---

7. 허리끈을 단다

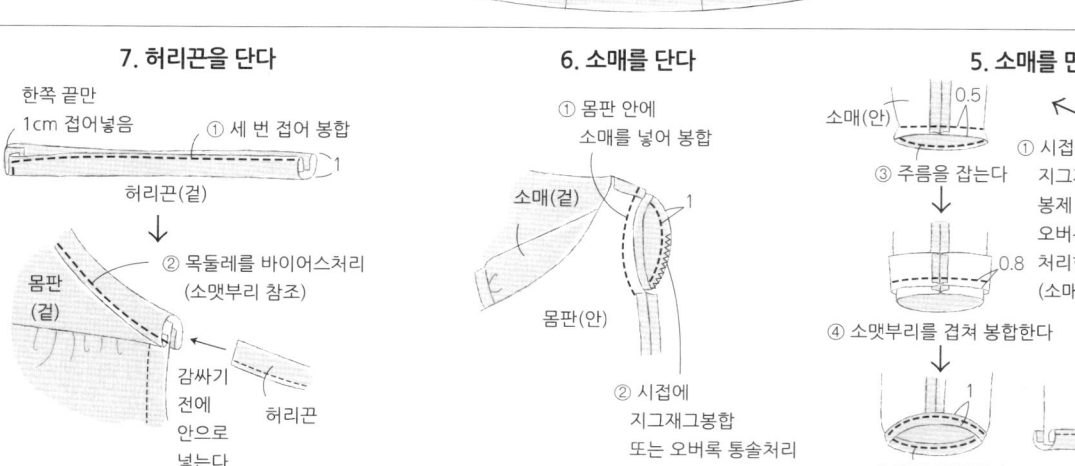

한쪽 끝만
1cm 접어넣음
① 세 번 접어 봉합
허리끈(겉)
1

↓

몸판
(겉)
② 목둘레를 바이어스처리
(소맷부리 참조)

감싸기
전에
안으로
넣는다
허리끈

6. 소매를 단다

① 몸판 안에
소매를 넣어 봉합

소매(겉)
1
몸판(안)

② 시접에
지그재그봉합
또는 오버록 통솔처리

5. 소매를 만든다

소매(안)
0.5

③ 주름을 잡는다
0.8

④ 소맷부리를 겹쳐 봉합한다
1

⑤ 감싸 봉합한다

① 시접에
지그재그
봉제 또는
오버록
처리한다
(소매만)

소매
(안)

소맷부리
(안)

② 통모양으로
접어 봉합한다

[재료]
겉감(체크무늬 코튼) 110cm폭 80cm
접착심지 40cm폭 50cm
단추 1.5cm 4개

[완성 사이즈 (왼쪽부터 90·100·110cm)]
가슴둘레 66.8·69.2·73.2cm
전체길이 31.7·34.3·36.8cm

[실물크기 패턴] D면

Natural
깅검체크

1. 주머니를 만든다

① 입구를 두 번 접어 상침

1.5
0.7
두꺼운 종이

② 곡선은 패턴과 같은 크기의 두꺼운 종이를 대고 다리미로 접어 다린다

③ 앞몸판에 고정 봉합한다

0.2

2. 몸판을 만든다

③ 시접은 뒤로 넘긴다

뒷몸판(겉)

① 어깨선·옆선을 맞춰 봉합한다

② 2장 함께 지그재그봉합 또는 오버록 통솔 처리한다

(안) 앞몸판

3. 안단을 단다

안단을 1mm 줄인다

⑦ 겉으로 뒤집는다

앞몸판 (겉) 안단

⑥ 나머지 시접을 자른다

1

0.7

⑤ 몸판과 안단을 맞춰 봉합한다

(안)

④ 가름솔 한다

③ 어깨선을 봉합한다

(겉)

0.7

(안)

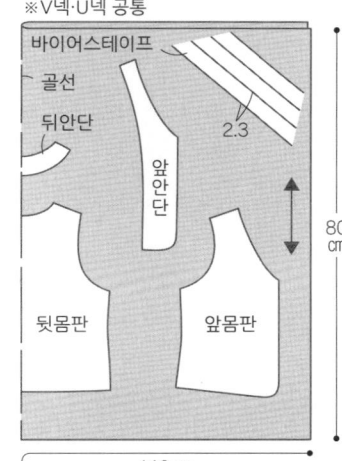

① 안단 안에 소잉심지를 붙인다

② 끝에 지그재그봉제 또는 오버록 처리한다

[재료]
겉감(무지 코튼리넨 플란넬) 110cm폭 80cm
소잉심지 40cm폭 50cm
단추 1.8cm 3개

[완성 사이즈 (왼쪽부터 90·100·110cm)]
가슴둘레 66.8·69.2·73.2cm
전체길이 31.7·34.3·36.8cm

[실물크기 패턴] D면

Natural
무지

원단 재단방법

※V넥·U넥 공통

바이어스테이프
골선
뒤안단
앞안단
뒷몸판 앞몸판
2.3
80cm
110cm

6. 완성

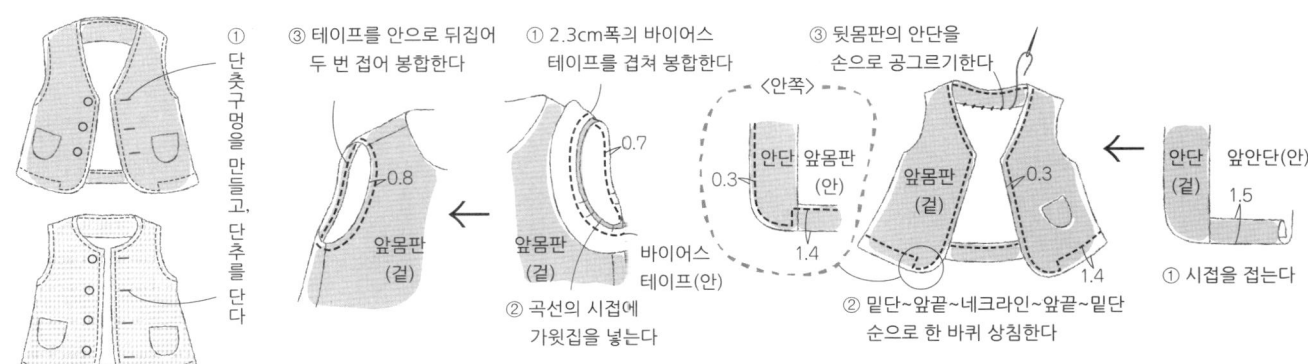

① 단춧구멍을 만들고, 단추를 단다

5. 소매둘레를 마무리한다

③ 테이프를 안으로 뒤집어 두 번 접어 봉합한다

① 2.3cm폭의 바이어스 테이프를 겹쳐 봉합한다

0.7

0.8

앞몸판 (겉)

② 곡선의 시접에 가윗집을 넣는다

앞몸판 (겉)

바이어스 테이프(안)

4. 밑단을 마무리한다

③ 뒷몸판의 안단을 손으로 공그르기한다

〈안쪽〉

안단 앞몸판 (안)

0.3

1.4

앞몸판 (겉)

0.3

1.4

② 밑단~앞끝~네크라인~앞끝~밑단 순으로 한 바퀴 상침한다

안단 (겉) 앞안단(안)

1.5

① 시접을 접는다

125

[재료]
겉감(체크무늬 코튼) 110cm폭 70cm
고무줄 1cm폭 50cm

[완성 사이즈 (왼쪽부터 90·100·110cm)]
허리둘레 38·40·42cm
엉덩이둘레 77·84·91cm
전체길이 34.5·37.5·40cm

[실물크기 패턴] C면

Master of linen

Natural 킹검체크

[재료]
겉감(체크무늬 코튼) 110cm폭 85cm
고무줄 1cm폭 50cm

[완성 사이즈 (왼쪽부터 90·100·110cm)]
허리둘레 38·40·42cm
엉덩이둘레 77·84·91cm
전체길이 46.5·51.5·57.5cm

[실물크기 패턴] C면

1. 앞팬츠에 상침한다

② 중심을 접어 상침한다

0.1

앞(안)

①
옆선·밑아래선·밑단에 지그재그 봉제 또는 오버록 처리한다

원단 재단방법

카프라 5부 팬츠

주머니
뒤팬츠　앞팬츠
70cm
110cm폭

카브라 팬츠

주머니
뒤팬츠　앞팬츠
85cm
110cm폭

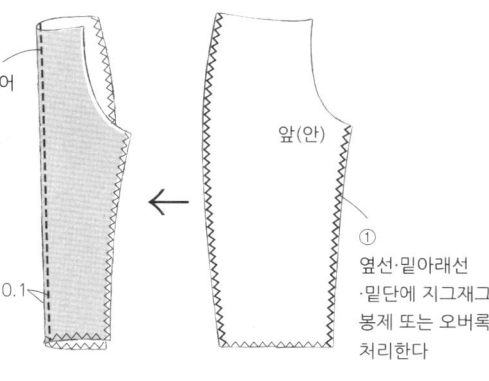
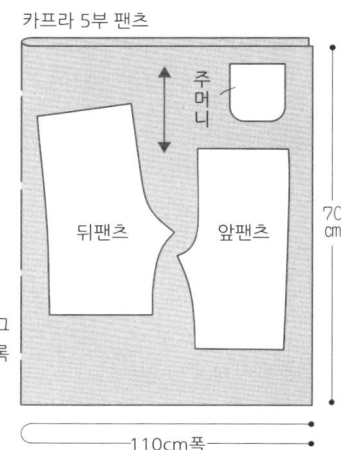
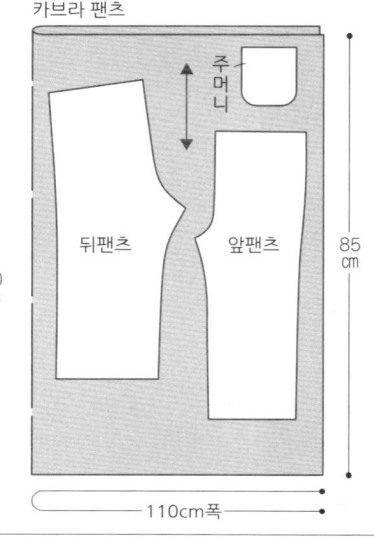

---

4. 좌우의 팬츠를 맞춰 봉합한다

*
뒤허릿단 부분은 남기고 봉합한다

③ 시접을 지그재그봉합 또는 오버록 통솔처리한다

뒤(안)　앞(안)

① 한쪽 팬츠만 겉으로 뒤집어 반대쪽의 안으로 넣는다

② 맞춰 봉합한다

3. 앞·뒤팬츠의 옆선·밑아래선을 봉합한다

뒤(겉)

앞(안)

①
옆선과 밑아래선을 봉합한다

② 가름솔한다

2. 뒷주머니를 만들어 단다

① 두 번 접어 상침
1.5
0.7
주머니(안)

③ 고정 봉합

뒤(겉)

1
② 시접을 접음

---

6. 밑단을 마무리한다

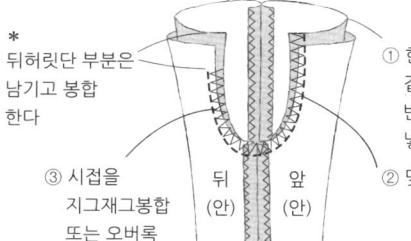

(겉)
3

③ 위로 접어 양 옆을 2~3바늘 고정 봉합한다

(안)
4　0.5

① 접어 봉합한다

(겉)

② 겉으로 뒤집어 다리미로 정리한다

5. 허리에 고무줄을 통과시킨다

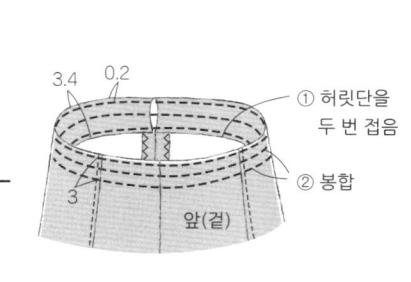

1겹친다
고무줄

③ 고무줄을 통과시켜 고정 봉합한다

3.4　0.2
3

① 허릿단을 두 번 접음

② 봉합

앞(겉)

1~5는 126페이지를 참조해서 봉합한다

6. 밑단을 마무리한다

〈상침하는 경우〉

0.2
3

두 번 접어 상침

〈상침하지 않는 경우〉

4

접어서 안을 공그르기

✽ 상침을 하면 캐주얼하게, 상침하지 않으면 세련된 옷이
완성됩니다. 소재에 맞는 봉제 방법을 선택합니다.

멜빵 만드는 방법

⑤ 솔기가
중심에 오도록
다시 접는다

(안)

(겉)

↓

접어 넣음

(겉)

⑥
겉으로
뒤집어
봉합

③ 접어 봉합

어깨끈(안)

1.5

④ 가름솔한다

② 고리를
만든다

접음

↓

접어
봉합

① 팬츠와 같은
천을 자른다

고리(1장)

8.5

4

시접없이
자른다

어깨끈
(2개)

65

9

⑨ 바지에
단추를 달고
멜빵을 단다

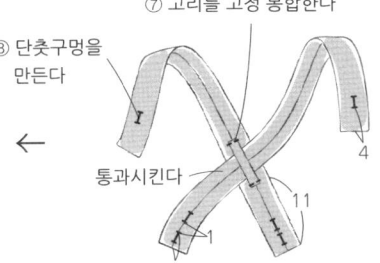

⑧ 단춧구멍을
만든다

⑦ 고리를 고정 봉합한다

통과시킨다

11

4

1

1

P.77 팬츠

[재료]
겉감(헤링본 코튼)
110cm폭 85cm
고무줄 1cm폭 50cm

[완성 사이즈
(왼쪽부터 90 · 100 · 110cm)]
허리둘레 38 · 40 · 42cm
엉덩이둘레 77 · 84 · 91cm
전체길이 46.5 · 51.5 · 57.5cm

[실물크기 패턴] C면

P.76 5부 팬츠

[재료]
겉감(체크무늬 코듀로이)
110cm폭 70cm
고무줄 1cm폭 50cm

[완성 사이즈
(왼쪽부터 90 · 100 · 110cm)]
허리둘레 38 · 40 · 42cm
엉덩이둘레 77 · 84 · 91cm
전체길이 34.5 · 37.5 · 40cm

[실물크기 패턴] C면

21골덴

P.72 멜빵바지

[재료]
겉감(무지 코튼) 110cm폭 1.4m
고무줄 1cm폭 50cm
단추 1.8cm 2개
      1.4cm 2개

[완성 사이즈
(왼쪽부터 90 · 100 · 110cm)]
허리둘레 38 · 40 · 42cm
엉덩이둘레 77 · 84 · 91cm
전체길이 46.5 · 51.5 · 57.5cm

[실물크기 패턴] C면

---

3. 장식묶기를 한다

③ 끈을
당기고,
안을
손으로
공그르기
한다

② 오른쪽 끈을
차례대로
빠져나오게
한다

① 왼쪽 끈을
3번 접는다

↓

1.5   3.5

⑤ 고리쪽은 단추없이
장식묶기만 한다

④ 나머지 끈을 자른다

④ 끈을 양쪽으로
당겨 모양을
만든다

※4개 만든다

③ 긴쪽의 끈을
화살표 쪽으로
통과시켜,
시침핀으로
고정한다

2. 단추 부분을 묶는다

② 다시 한개의
고리를 만들어
①의 고리에 겹치고
끝을 짧은 끈의
아래로 통과
시킨다

① 끈의 긴쪽을
위로해서
고리를 만들고
교차부분을
시침핀으로
고정한다

시침핀

약20

P.128 매듭 단추 만드는 방법

1. 끈을 만든다

① 바이어스테이프를 봉합한다

0.5

2.3   (안)

↓

② 고리 뒤집개 등을 이용해
겉으로 뒤집는다

(겉)

35cm의 끈을 8개
(4쌍분) 만든다

127

1. 봉합 전 준비

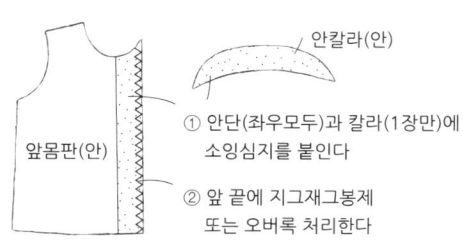

안칼라(안)

① 안단(좌우모두)과 칼라(1장만)에
소잉심지를 붙인다

② 앞 끝에 지그재그봉제
또는 오버록 처리한다

앞몸판(안)

[재료]
겉감(스트라이프 리넨) 110cm폭 1m
소잉심지 60cm폭 50cm
스냅단추 지름 1cm 1쌍

[완성 사이즈(왼쪽부터 90 · 100 · 110cm)]
가슴둘레 70 · 72.8 · 76.8cm
전체길이 38.2 · 41.2 · 44.5cm

[실물크기 패턴] D면

2. 몸판·소매를 만든다

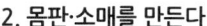

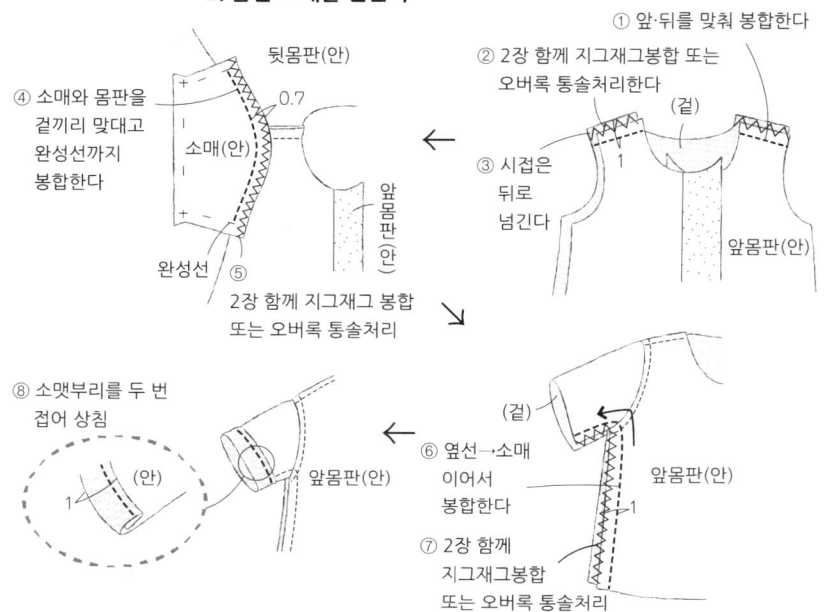

① 앞·뒤를 맞춰 봉합한다

② 2장 함께 지그재그봉합 또는
오버록 통솔처리한다

③ 시접은
뒤로
넘긴다

④ 소매와 몸판을
겉끼리 맞대고
완성선까지
봉합한다

뒷몸판(안)

소매(안)

앞몸판(안)

완성선 ⑤
2장 함께 지그재그 봉합
또는 오버록 통솔처리

⑧ 소맷부리를 두 번
접어 상침

⑥ 옆선→소매
이어서
봉합한다

⑦ 2장 함께
지그재그봉합
또는 오버록 통솔처리

앞몸판(안)

원단 재단방법

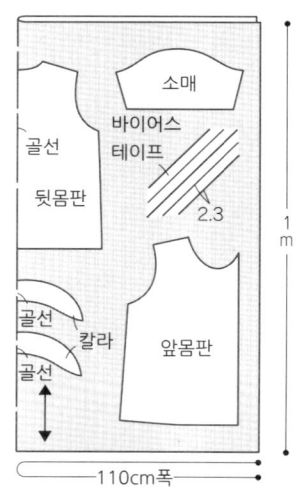

소매
바이어스
테이프
2.3

골선
뒷몸판

골선
골선
칼라

앞몸판

110cm폭

1m

3. 칼라를 만든다

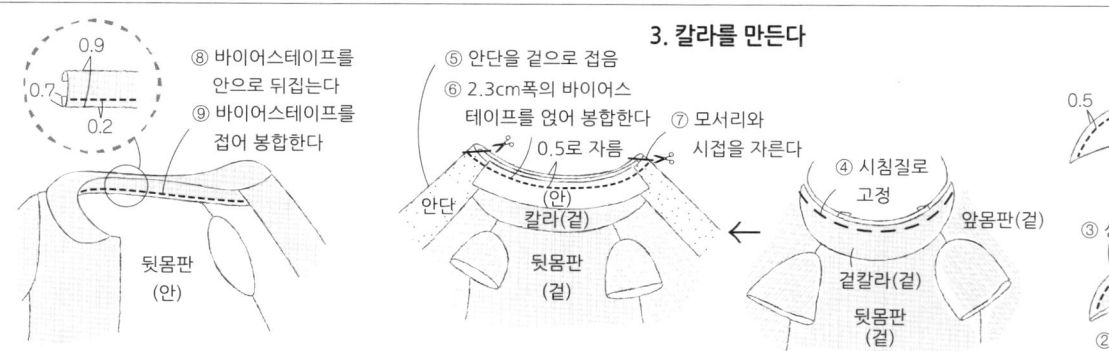

⑧ 바이어스테이프를
안으로 뒤집는다

⑨ 바이어스테이프를
접어 봉합한다

⑤ 안단을 겉으로 접음

⑥ 2.3cm폭의 바이어스
테이프를 얹어 봉합한다

⑦ 모서리와
시접을 자른다

0.5로 자름

안단

(안)
칼라(겉)

뒷몸판
(겉)

④ 시침질로
고정

앞몸판(겉)

겉칼라(겉)

뒷몸판
(겉)

안칼라(겉)

0.5

① 겹쳐서 봉합

겉칼라(안)

③ 상침

0.2

(겉)

② 겉으로 뒤집는다
(안칼라는 0.1 줄인다)

0.9
0.7
0.2

뒷몸판
(안)

5. 완성

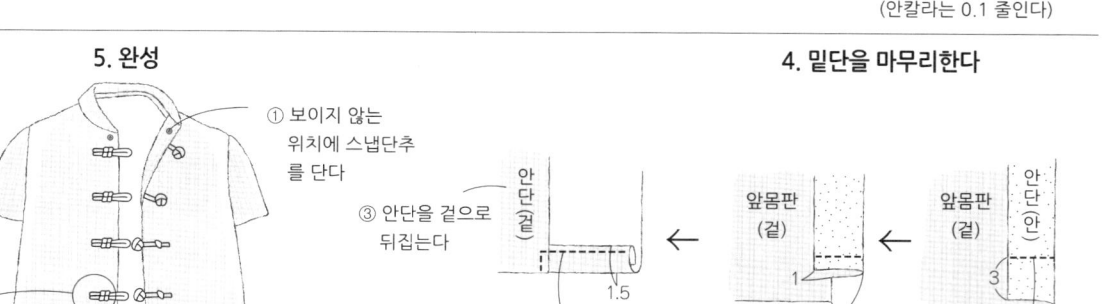

② P.127의 그림을
참조해 매듭 단추를
만든다

③ 끝을 접어 봉합

① 보이지 않는
위치에 스냅단추
를 단다

4. 밑단을 마무리한다

③ 안단을 겉으로
뒤집는다

안단
(겉)

앞몸판
(겉)

1.5

④ 두 번 접어 상침

앞몸판
(겉)

1

② 나머지 시접은
자른다

안단
(안)

3

① 안단을 접어 봉합한다

2. 주머니를 만들어 단다

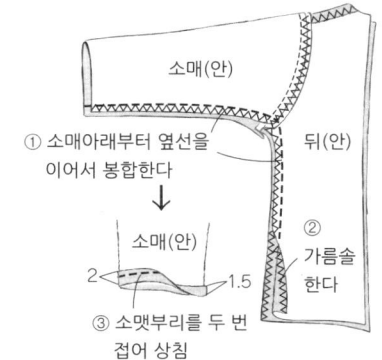

① 두 번 접어 상침
1.5
0.7
주머니 (안)

② 시접을 접음
1

앞(겉)
④ 고정 봉합
주머니(겉)

③ 몸판 안에 소잉심지를 붙인다

1. 봉합 전 준비

안칼라(안)
(얇은 원단의 경우 겉칼라에도 심지를 붙인다)

앞안단(안)

소잉심지

소잉심지

① 소잉심지를 붙인다

뒤안단(안)
소잉심지

② 몸판의 옆선·어깨·소매아래·안단의 겉둘레에 지그재그봉제 또는 오버록 처리해둔다

[재료 (왼쪽부터 90 · 100 · 110)]
겉감(무지 리넨) 110cm폭 1.2m
소잉심지 110cm폭 60cm
싸개 단추 2.5cm 3개
겉옷용 속단추 3개

[완성 사이즈]
가슴둘레 70 · 70.8 · 76.8cm
옷길이 38.2 · 41.2 · 44.2cm
전체길이 30 · 33 · 38cm

[실물크기 패턴] D면

프렌치 퓨어린넨

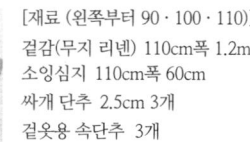

---

5. 소매아래·옆선을 봉합한다

소매(안)

① 소매아래부터 옆선을 이어서 봉합한다

뒤(안)

② 가름솔 한다

소매(안)
2
1.5

③ 소맷부리를 두 번 접어 상침

4. 소매를 단다

앞(안)
뒤(안)

① 소매산을 봉합

소매(안)

② 2장 함께 지그재그봉합 또는 오버록 통솔처리

봉합은 완성 선까지

3. 어깨선을 봉합한다

① 앞·뒤의 어깨선을 맞춰 봉합한다

앞(겉)

② 가름솔 한다

뒤(안)

앞(겉)

---

6. 칼라를 만들어 단다

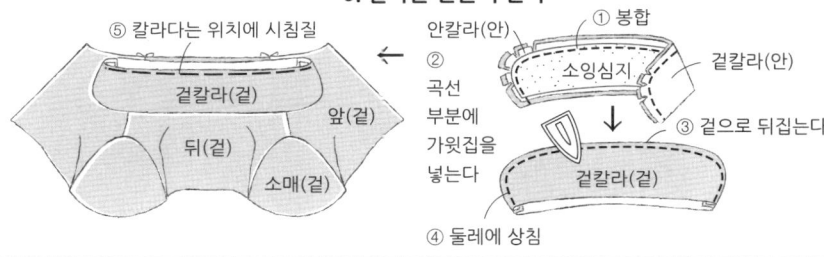

⑤ 칼라다는 위치에 시침질

겉칼라(겉)

뒤(겉)
앞(겉)
소매(겉)

안칼라(안)

① 봉합

소잉심지
겉칼라(안)

② 곡선 부분에 가윗집을 넣는다

③ 겉으로 뒤집는다

겉칼라(겉)

④ 둘레에 상침

---

9. 단춧구멍을 만들어 단다

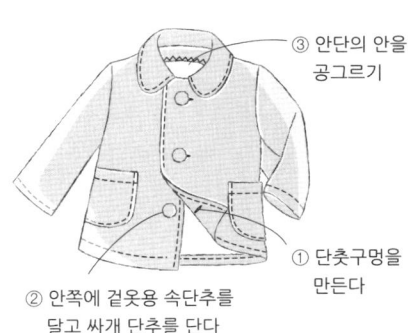

③ 안단의 안을 공그르기

① 단춧구멍을 만든다

② 안쪽에 겉옷용 속단추를 달고 싸개 단추를 단다

8. 밑단을 마무리한다

안단 (겉)
앞(안)
0.2

두 번 접어 상침

두 번 접는 방법

(안)
0.8
① 접음

(안)
2.5
② 접음

7. 안단을 단다

뒤안단(겉)

① 안단의 어깨선을 맞춰 봉합

② 가름솔 한다

앞안단(안)

③ 둘레에 지그재그봉제 또는 오버록 처리한다

겉칼라(겉)

⑤ 곡선 부분에 가윗집

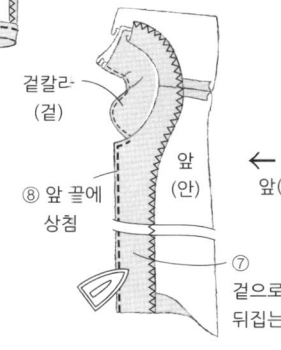

겉칼라(겉)

앞(겉)

앞(안)

⑧ 앞 끝에 상침

⑦ 겉으로 뒤집는다

④ 칼라를 끼우고 몸판과 맞춰 봉합한다

1.5

⑥ 나머지 시접은 자른다

후드 만드는 방법

1. 소잉심지를 붙인다

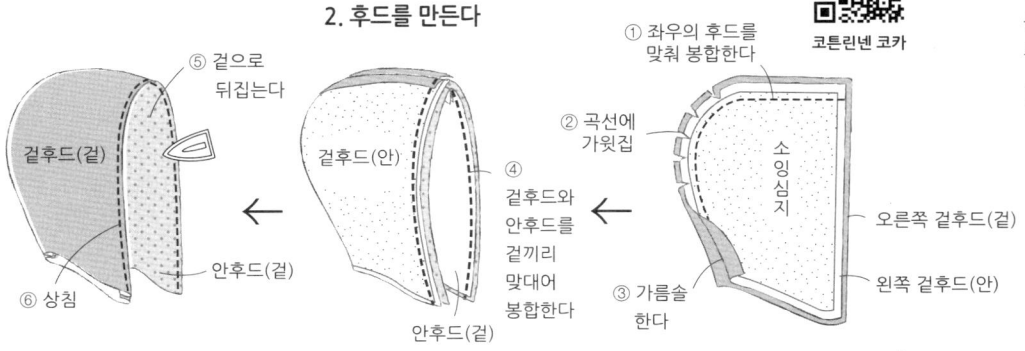

겉후드에 소잉심지를 붙인다 (두꺼운 원단의 경우에는 소잉심지를 붙이지 않아도 된다)

소잉심지

겉후드(안)

P.76 **후드 코트**

코튼린넨 코카

[재료 (왼쪽부터 90·100·110)]
겉감(무지 리넨) 110cm폭 1.5m
배색천(도트 코튼린넨) 110cm폭 40cm
소잉심지 110cm폭 60cm
단추 3cm 3개
겉옷용 속단추 3개

[완성 사이즈]
가슴둘레 70·72.8·76.8cm
옷길이 38.2·41.2·44.2cm
소매길이 30·33·38cm

[실물크기 패턴] D면

2. 후드를 만든다

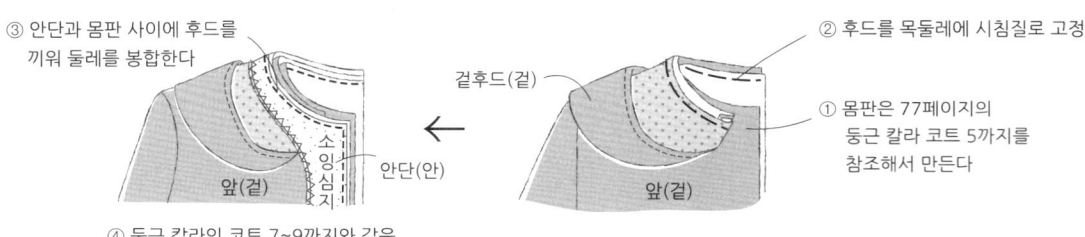

⑤ 겉으로 뒤집는다

겉후드(겉)

안후드(겉)

⑥ 상침

겉후드(안)

④ 겉후드와 안후드를 겉끼리 맞대어 봉합한다

안후드(겉)

① 좌우의 후드를 맞춰 봉합한다

② 곡선에 가윗집

③ 가름솔 한다

소잉심지

오른쪽 겉후드(겉)

왼쪽 겉후드(안)

＊안후드도 같은 모양으로 봉합

3. 후드를 단다

③ 안단과 몸판 사이에 후드를 끼워 둘레를 봉합한다

겉후드(겉)

소잉심지

앞(겉)

안단(안)

④ 둥근 칼라의 코트 7~9까지와 같은 방법으로 봉합한다

② 후드를 목둘레에 시침질로 고정

① 몸판은 77페이지의 둥근 칼라 코트 5까지를 참조해서 만든다

앞(겉)

바느질 작가 10인에게 배우는 소잉북

THE SEWING BOOK

초판 1쇄 인쇄 2012년 04월 30일
초판 1쇄 발행 2012년 05월 07일

발 행 인 신현호 정용효
기획/제작 임태훈 이재숙 정미정 국효은
번   역 손수현
편   집 서승미
인   쇄 자윤프린팅

등록번호 제362-2009-7호
등록일자 2009년 5월 26일
발 행 처 (주)코하스 소잉스토리
          광주광역시 북구 무등로 120 해은회관 7층
대표전화 070_4014_3299
팩   스 062_515_8958
홈페이지 www.sewingstory.com

ISBN 978-89-94710-32-7 13590
판 매 가 15,000원

※ 잘못 인쇄된 책은 구입처에서 교환해 드립니다.
※ 소잉스토리는 소잉D.I.Y 취미실용서와 잡지를 출간합니다.

아트 디렉션／松原優子
레이아웃／松原優子 梁川綾香 橋本祐子 佐藤次洋
일러스트／だいらくさとみ (소잉 RECIPE)
          長浜恭子 (소잉 NOTE)
촬영／藤田律子 편집／根本さやか 上野友美 藤井清絵
편집협력／諸橋雅子 佐々木初枝 石郷美也子
실물크기 패턴／田村さえ子 패턴트레이스／辰巳工房
그레이딩／長谷川綾子

Lady Boutique Series No.3029 Sewing Book 2
Copyright ⓒ BOUTIQUE－SHA 2010 Printed in Japan
All rights reserved.
Original Japanese edition published in Japan by BOUTIQUE－SHA,
korean translation rights arranged with
BOUTIQUE－SHA through DAIJO CRAFT CORP.

이 책의 한국어판 저작권은 BOUTIQUE－SHA Co., Ltd와의
독점 계약으로 (주)코하스에 있습니다.
신저작권법에 의해 한국 내에서 보호를 받는 저작물이므로
무단전재와 무단복제를 금합니다.

이 도서의 국립중앙도서관 출판시도서목록
(CIP)은 e-CIP홈페이지(http://www.nl.go.
kr/ecip)와 국가자료공동목록시스템
(http://www.nl.go.kr/kolisnet)에서
이용하실 수 있습니다.
(CIP제어번호 : CIP2012001905)

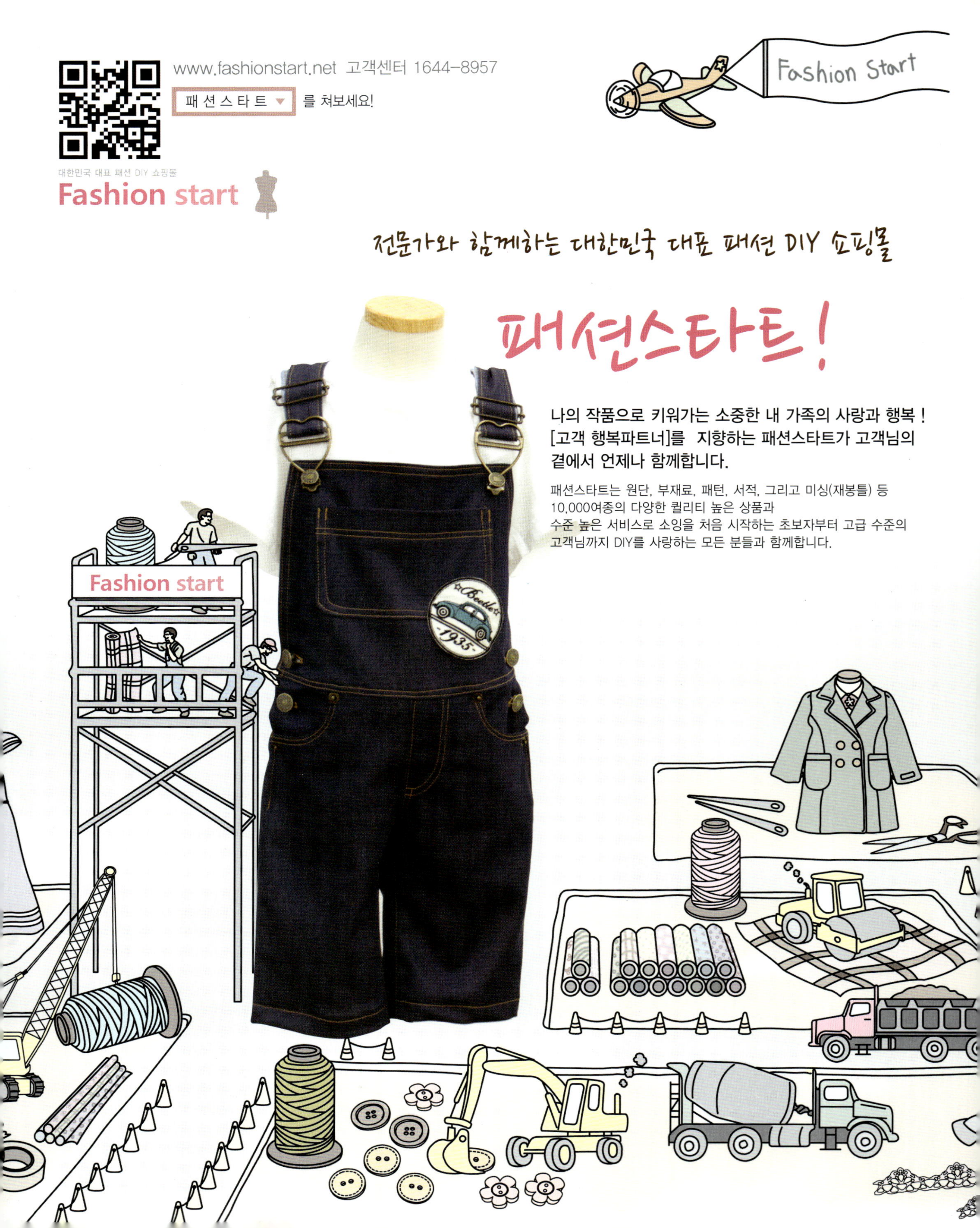

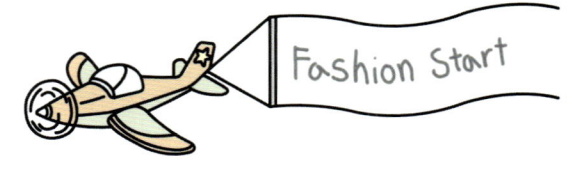

www.fashionstart.net 고객센터 1644-8957
패션스타트 를 쳐보세요!
Fashion Start
대한민국 대표 패션 DIY 쇼핑몰
Fashion start
전문가와 함께하는 대한민국 대표 패션 DIY 쇼핑몰
패션스타트!
나의 작품으로 키워가는 소중한 내 가족의 사랑과 행복 !
[고객 행복파트너]를 지향하는 패션스타트가 고객님의
곁에서 언제나 함께합니다.
패션스타트는 원단, 부재료, 패턴, 서적, 그리고 미싱(재봉틀) 등
10,000여종의 다양한 퀄리티 높은 상품과
수준 높은 서비스로 소잉을 처음 시작하는 초보자부터 고급 수준의
고객님까지 DIY를 사랑하는 모든 분들과 함께합니다.
Fashion start
Beetle
1935

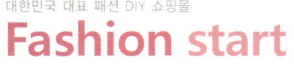

Sewing으로 표현하는 행복하고 아름다운 삶!

HAPPYBEARS

해피베이스
Happybears all of the sewingDIY

해피베어스 컷팅매트

원단전용 재단칼과 함께 사용하세요
재단을 부드럽고 안전하게 도와주며
재단판의 눈금은 재단시에 치수 확인이
편리합니다.
사이즈: 60×45cm / 90×62cm (양면)
가격: 22,000원 / 45,000원
상품코드: 01-100 / 01-101

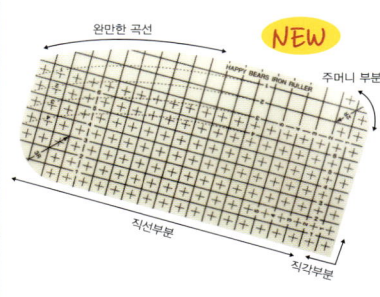

완만한 곡선
주머니 부분
직선부분
직각부분

NEW

아이론 시접자

직선, 곡선, 각진부분, 주머니부분, 모서리부분,
다양한 시접부분을 정확한 치수체크와 함께
손쉽게 다리미로 한번에 만들 수 있습니다.
이제 쉽고 빠르게 시접처리하세요.
사이즈: 20×10cm 가격: 9,000원 상품코드: 07-100

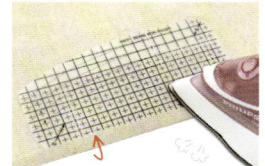

스마트 소잉재단가위

가위의 한쪽 날이 지그재그로 되어있어 일반 원단은
물론 얇고 잘 미끄러지는 원단을 재단 할 때, 원단이
가위에서 잘 빠지지 않도록 원단을 안정적으로 잡아주어
재단하기 편리합니다.
사이즈: 240mm / 260mm   가격: 16,500원 / 19,500원
상품코드: 01-915 / 01-916

가정용 미싱바늘

가정용 미싱에 꼭 필요한 미싱전용바늘!
9호, 11호, 14호, 16호, 18호 5가지 사이즈로,
원단의 두께 및 재질에 맞게 선택하여 바느질하세요.
1팩: 10개 가격: 1,600원
상품코드: 2-108 / 2-109 / 2-110 / 2-111 / 2-112

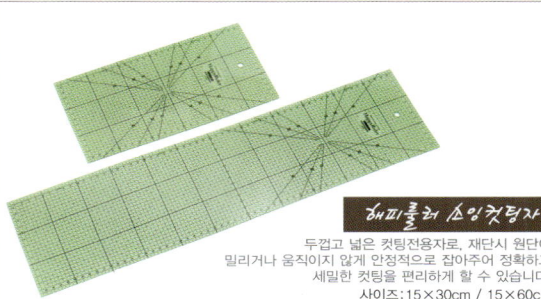

해피룰러 소잉컷팅자

두껍고 넓은 컷팅전용자로, 재단시 원단이
밀리거나 움직이지 않게 안정적으로 잡아주어 정확하고
세밀한 컷팅을 편리하게 할 수 있습니다.
사이즈: 15×30cm / 15×60cm
가격: 15,000원 / 22,000원
상품코드: 07-120 / 07-121

〈 구성 〉

 +

기구(1개)   몰드4종(각 1개)   단추 4종(각 50쌍)

싸게단추기구 풀세트(기구+몰드4종+단추4종)

다양한 원단으로 세상에 하나뿐인 단추를 만들어보세요.
규격:: 13mm, 18mm, 25mm, 30mm
가격: 148,000원

패브릭 본드(임시고정용)

수용성 재질의 고체 본드풀은 발림성이
좋아 직물에 부드럽게 잘 발라집니다.
직선, 곡선 다양한 부분에 원하는
양만큼 발라 임시고정하여 편리하게
작업하세요.
사이즈: 2×8.5cm 용량: 9g×3개입
가격: 2,400원 상품코드: 4-101

시접고정용 집게세트(8개)

상처가 오래 남을 수 있는 니트,
다이마루 등의 원단에 또는 두꺼워서
핀이 잘 꽂히지 않는 원단에 편리하게
사용하세요.
1팩: 8개 가격: 1,600원
상품코드: 01-400

패브릭 워셔블매직테이프

봉제전 임시고정용으로 편리한 매직테이프!
적당량을 잘라 사용한 후, 물세탁으로
손쉽게 제거되는 수용성재질입니다.
지퍼, 주머니, 바지밑단, 감침질 시에
임시고정하여 편리하게 작업하세요.
종류: 5mm/20m , 8mm/20m
가격: 3,500원 / 4,000원 상품코드: 4-104 / 4-103

〈실물사이즈〉

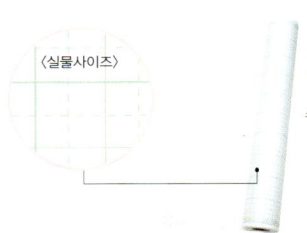

모눈 롤 부직포 패턴지

패턴을 그릴때 정확한 치수 및 원단
소요량을 예측할 수 있어 편리합니다.
사이즈: 1롤/51cm×22yd
가격: 12,000원
상품코드: 01-701

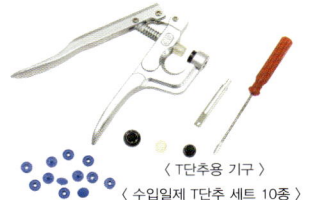

해피 T단추용기구 & 수입 일제T단추

가볍고 튼튼하며 작업이 편리한 T단추!
유아의류는 물론 기능성 의류에도 잘 어울립니다.
기구: 32,000원 단추: 6,000원 / 6,500원 (1팩=20쌍)

〈 T단추용 기구 〉
〈 수입일제 T단추 세트 10종 〉

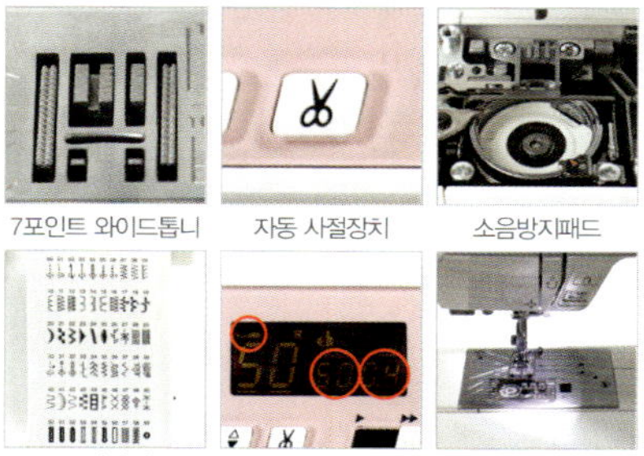

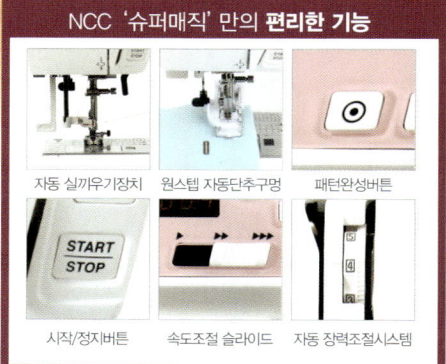